水科学博士文库

Effectiveness Assessment Techniques and Applications for Hydropower Ecological and Environmental Protection Measures

水电生态环保措施效果评价技术与应用

彭期冬　林俊强　张迪　朱博然　等　著

中国水利水电出版社
www.waterpub.com.cn
·北京·

内 容 提 要

本书围绕水电工程运行期生态环保措施在实施中所面临的问题，介绍了栖息地保护、生态调度、分层取水等各项生态环保措施的基本概念和应用现状，针对不同环保措施构建了相应的效果评价技术体系，并选择典型流域和水电工程介绍了不同生态环保措施效果评价的案例应用。

本书可供从事水电工程生态环保研究的科研工作者借鉴，也可供相关专业高校师生参考。

图书在版编目（CIP）数据

水电生态环保措施效果评价技术与应用 / 彭期冬等著. -- 北京 : 中国水利水电出版社, 2025. 6. -- ISBN 978-7-5226-3428-9

I. TV512

中国国家版本馆CIP数据核字第2025R3E889号

书　　名	**水电生态环保措施效果评价技术与应用** SHUIDIAN SHENGTAI HUANBAO CUOSHI XIAOGUO PINGJIA JISHU YU YINGYONG
作　　者	彭期冬　林俊强　张迪　朱博然　等著
出版发行	中国水利水电出版社 （北京市海淀区玉渊潭南路1号D座　100038） 网址：www.waterpub.com.cn E-mail：sales@mwr.gov.cn 电话：（010）68545888（营销中心）
经　　售	北京科水图书销售有限公司 电话：（010）68545874、63202643 全国各地新华书店和相关出版物销售网点
排　　版	中国水利水电出版社微机排版中心
印　　刷	天津嘉恒印务有限公司
规　　格	170mm×240mm　16开本　11印张　158千字
版　　次	2025年6月第1版　2025年6月第1次印刷
印　　数	001—500册
定　　价	**68.00元**

凡购买我社图书，如有缺页、倒页、脱页的，本社营销中心负责调换

版权所有·侵权必究

前言

水电工程在发挥巨大的经济和社会效益的同时，不可避免地会对河流区域生境产生一定扰动，给河流生态系统带来负面影响，造成鱼类栖息地破坏、河流天然水文节律改变、低温水下泄等一系列生态环境问题。

随着我国生态文明建设的持续推进，公众对水电开发生态环境效应的关注度越来越高。协调好水电开发与生态保护之间的关系，避免、缓解或补偿水电开发对河流生态环境的不利影响，已成为我国水电可持续、高质量发展进程中亟待解决的瓶颈问题。目前，我国在水电开发中实施了诸如栖息地保护、生态调度、水温调控等一系列的生态保护措施，并取得了一定成效，但相关科研工作主要服务于环境评价和设计，为工程前期的技术咨询提供基础支撑、面向环保措施运行期效果监测和适应性管理的相关科研工作仍处于起步阶段，还有待进一步深化研究。

针对上述问题，本书基于栖息地保护、生态调度、分层取水等不同水电生态环保措施的特点，开展生态环保措施效果评价研究，构建了相应的效果评估技术体系，在此基础上开展了澜沧江、长江、雅砻江典型流域和水电工程生态环保措施效果评估案例研究。本书共5章：第1章绪论，介绍本书写作背景、国内外研究现状、本书主要内容和技术路线；第2章鱼类栖息地保护效果评价技术及应用，介绍了水电开发中河流栖息地保护措施和保护效果评价技术，以及澜沧江下游南腊河的案例应用；第3章水库生态调度效果评价技术与应用，介绍了水库生态调度相关概念，提出了相应的效果评价技术，并在长江三峡水库生态调度工作中开展应用；第4章水库分层取水措施效果评价技术与应用，介绍了水库分层取水的主要措施，提出了相应的效果评价技术，并在雅砻江锦屏一级水电站开展应用；第5章为结论与展望。

本书由中国水利水电科学研究院、国家水电可持续发展研究中心彭期冬、林俊强、张迪、朱博然编写。全书共5章，第1章由彭期冬、林俊强撰写；第2章由林俊强、张迪、王鲁海和刘瀚撰写；第3章由彭期冬、朱博然、杜涛和靳甜甜撰写；第4章由张迪、朱博然和林俊强撰写；第5章由彭期冬撰写。全书由彭期冬、林俊强统稿。研究生李游坤、张绍耕、许誉骞和蒋爱萍等也参与了本书撰写工作，在此表示感谢。

本书编写得到国家自然科学基金青年科学基金项目（52209107）、国家重点研发计划项目课题"可持续水电设计与运行"（2018YFE0196000）的资助，并得到中国长江三峡集团有限公司、雅砻江流域水电开发有限公司和华能澜沧江水电股份有限公司的支持。

本书研究内容涉及水力学、水文学、水环境学、水生态学和地形地貌学等多个学科，研究的问题目前尚处于探索阶段，加之作者认识所限，研究成果可能存在不足之处，恳请广大同行和读者不吝指正。希望本书能够推动我国水电生态环保工作的开展，以高水平保护支撑我国的水电高质量发展。

作者

2024年12月

目录

前言

第1章 绪论 ······ 1
1.1 研究背景及意义 ······ 1
1.2 国内外生态环保措施实践与发展 ······ 2
1.3 研究内容 ······ 16

第2章 鱼类栖息地保护效果评价技术与应用 ······ 18
2.1 河流鱼类栖息地保护措施 ······ 18
2.2 鱼类栖息地保护效果评价技术方法 ······ 23
2.3 澜沧江下游南腊河栖息地保护适宜性分析 ······ 44
2.4 本章小结 ······ 70

第3章 水库生态调度效果评价技术与应用 ······ 72
3.1 水库生态调度的相关概念 ······ 72
3.2 水库生态调度效果评价技术方法 ······ 76
3.3 三峡水库生态调度实践开展情况及其效果评价 ······ 91
3.4 本章小结 ······ 108

第4章 水库分层取水措施效果评价技术与应用 ······ 110
4.1 水库分层取水措施简介 ······ 110
4.2 水库分层取水措施效果评价技术方法 ······ 111
4.3 锦屏一级水电站分层取水设施运行及其效果评价 ······ 114
4.4 本章小结 ······ 149

第5章 结论与展望 ······ 150
5.1 主要结论 ······ 150
5.2 展望 ······ 152

参考文献 ······ 154

第1章 绪 论

水电是重要的能源，历史悠久，贡献巨大。2021年6月，国际能源署发布的《水力发电市场报告》指出，水电是低碳发电的支柱，为全球提供了1/6的发电量、近一半的清洁电量。我国河流众多，水量丰沛，蕴藏着丰富的水能资源。新中国成立后，特别是20世纪90年代以来，我国水电事业得到了巨大的发展。截至2023年年底，我国水电装机容量已超4.2亿kW，水电开发规模和技术水平长期居于世界首位。

在气候变化背景下，水电在能源转型中的基石作用明显，不仅生产大量绿色低碳电量，而且发挥着越来越重要的灵活调节和储能作用，将长期作为承担灵活调节功能的可靠电源，在实现"双碳"目标、构建新型电力系统的实施路径上发挥了关键作用。

我国未来水电开发建设重心逐步向西部地区转移，西部作为国家生态安全屏障和生态文明高地，生态环保问题已成为水电开发中大家关注的重点和热点，将生态优先、绿色发展的原则贯穿到水电开发全过程，统筹好开发与保护的关系，是当前我国水电开发的重大问题之一。如何构建行之有效的水电生态环保措施体系，是我国当前水电生态环保工作的重中之重。

1.1 研究背景及意义

水电工程在发挥巨大的经济和社会效益的同时，也会对河流区域生境产生剧烈扰动，给河流生态系统带来一系列的不利影响。其中拦河筑坝打破了河流廊道的纵向连续性，影响上下游之间的物质输移和能量流通，导致鱼类栖息地的破碎化，阻碍鱼类洄游与种质基因交流；水库的调蓄作用改变了天然河流的水文节律，导致径流坦化、洪水脉冲消失，河流鱼类繁殖所需的水流刺激条件减弱，影响鱼类正常的繁殖活动；河流筑坝蓄水成库后热力学条件发生改变，尤其是大深型水库，库区垂向形成水温分层，进而造成下泄水温过程异于天然河流，影响库区和下游河道鱼类及其他水生生物的正常生存繁衍。

近年来，随着我国生态文明建设的持续推进，生态环保理念逐渐深入人心，社会上对水电开发生态环境影响的关注度也越来越高。如何避免、缓解或补偿水电开发对河流生态环境的不利影响，协调好水电开发与生态保护之间的关系，已成为水电工程可持续、高质量发展进程中亟待解决的瓶颈问题。为此，水电开发中逐步实施了一系列生态保护措施。栖息地保护、生态调度、水温调控等是目前大型水电工程中应用较为广泛的生态环保措施，但相关的科研工作主要还是服务于环境影响评价和设计，为工程前期的技术咨询提供支撑，面向环保措施运行期的效果监测和适应性管理的相关科研工作目前仍处于起步阶段，亟须开展深化研究。

本书面向栖息地保护、生态调度、水温调控等生态环保措施，分别构建各类生态环保措施的运行效果评价体系，并以澜沧江下游南腊河栖息地保护、三峡水库生态调度和锦屏一级水电站分层取水水温调控为例，实例评价了各类生态环保措施的运行效果，以期完善生态保护措施的运行管理和效果评估机制。

1.2 国内外生态环保措施实践与发展

1.2.1 河流栖息地保护研究进展及实践情况

1.2.1.1 河流栖息地保护研究进展

国外较早就开展了河流栖息地保护与生态修复的研究工作。20世纪80年代起，欧洲开始兴起河道复原工程，即将原有裁弯取直河道恢复成弯曲自然河道，其中丹麦在这方面工作中卓有成效。

1985年丹麦开始实施河流复原工程，分阶段实施三类改造，类型Ⅰ：滩地、深潭的构造、鱼类产卵场的改善等小规模、局部性环境改善；类型Ⅱ：河道内跌水的改善、鱼道的设置、恢复河流连续性等；类型Ⅲ：恢复河道及其平原地带的生态、理化功能，恢复原来河道的弯曲形式，在冲积平原地带进行湿地再造等[1]。1987年，莱茵河保护国际委员会提出"鲑鱼-2000计划"，该计划以河流生态系统恢复作为莱茵河重建的主要指标，以流域敏感物种的种群表现对环境变化进行评估，主要目标是到2000年鲑鱼重返莱茵河[2]。该计划启动以来，莱茵河沿线各国投入数百亿美元用于治污和生态系统重建，包括建设污水处理厂、改善河道水体水质、增建鱼道或改建鱼道、清除河道中妨碍鱼类上溯的建筑物、保护鱼类产卵场、引入大西洋鲑鱼种、为洄游鱼类制定专门的调度方案和相关政策等。20世纪90年代，日本开始开展"创造多自然型河川计划"，通过河流生态系统的多样性修复，恢复提高河流的自净能力，例如，朝仓川河道整治工程，通过构筑自然弯曲的河流形态及河床石块，形成局部涡流效果，以纵横圆木和较大石块作为护岸，维持河流横向连通。20世纪90年代，美国拆除废旧堰坝、恢复河流生态工作得到空前展开，1999—2003年期间，就已拆除位于小支流上的病险水坝168座，拆坝后大多数河流生态环境得以恢复，尤其是鱼类洄游通道、生存环境得到改善[3]。

在河流栖息地保护中，栖息地评估具有重要作用，是河流栖息地保护和修复工作的基础和依据。2000年以后，美国平均每年投入10亿美元进行河流生态保护和修复工作，截至2004年年底，美国共有37000多个河流生态保护和修复项目，其中仅有10%左右项目进行了监测和评估，由此失去了吸取经验教训的宝贵机会[4]。从20世纪70年代以来，美国、澳大利亚、英国、南非等国都对河流栖息地的适宜性开展了大量的研究和实践工作。自1974年起，美国鱼类和野生动物服务协会陆续提出了基于栖息地的系列评估方法，包括：基于栖息地的环境评价[5]、栖息地评估程序[6]和栖息地适宜性指数[7]。美国国家环境保护局提出了《快速生物评估草案》，采用着生藻类、鱼类、大型无脊椎动物评估河流状态，通过对生物群落的结构、功能、过程的度量达到评估的目的，栖息地评估内容包括：①传统的物理-化学水质参数；②自然状况定量特征，包括周围土地利用、溪流起源和特征、岸边植被状况、大型木质碎屑密度等；③溪流河道特征，包括宽度、流量、基质类型及尺寸。英国环保署制定了河流栖息地调查方法，通过现场调查河段的物理特征对栖息地状况进行评估，调查内容涵盖河道形态、岸坡状况、流态、植被结构、土地利用状况、浅滩-深潭序列、人工结构物等[8]。澳大利亚提出的栖息地评估方法主要包括河流条件指数法[9]和河流状态调查法[10]。河流条件指数法利用分级系统对栖息地状况进行打分，其考虑的因素包括水文、物理形态、河岸带、水质和水生生物等。河流状态调查法是将流域分为若干河段，再从整体河段中选取代表性局部河段，从水文、植被类型、土地利用、栖息地类型、河道横断面、河床底质、岸坡特征等方面综合评价栖息地。2000年，欧盟通过欧洲水框架指令，为欧盟各国提供了一个水资源与水环境的管理框架和法律依托[11]。在水框架指令中，河流指标包括河流生物指标、河流地貌学指标和理化指标三个一级指标，其下设置浮游植物、大型植物和底栖植物、底栖脊椎动物群落、鱼群组成、水文要求、河流的连续性、地貌学条件、一般性指标、特殊的合成污染物、特殊的自然污染物等十个二级指标，其内容可借鉴于河流栖息地的综合评估。

我国河流栖息地保护与评价方面的研究工作起步较晚，尚处于学习引进国外先进经验的阶段，研究成果多集中于针对某一珍稀濒危物种或个别少数物种的栖息地关键环境要素分析、栖息地适宜性评价等方面研究。例如，杨宇等采用野外现场实测与数值模拟相结合的手段，对中华鲟栖息地的水动力特征进行系统分析，通过栖息地生境模拟获得中华鲟葛洲坝栖息地流量与有效栖息地面积的关系[12]。王晓刚等研究了交汇河口汇流比、汇流口下游弗劳德数及汇流口下游宽深比三个主要水力因素对鲤科鱼类和平鳍鳅科鱼类栖息地的影响，并计算了栖息地加权可用面积[13]。易雨君等在四大家鱼栖息地适宜度方程的基础上，结合一维水动力模型，建立四大家鱼栖息地适宜度模型，模拟和预测不同河流水文情景下的家鱼产卵场适宜度[14]。

1.2.1.2 河流栖息地保护研究及实践现状

近年来，随着生态文明建设的不断深化，水电开发中的生态环境保护问题也越来越引起人们的关注。在河流梯级开发中，特别是当流域干流、支流全面开发时，过鱼设施、生态调度、人工增殖放流等针对水生生物（特别是鱼类）的生态环境补偿措施，受现阶段科学认知程度、技术水平、管理难度等因素的制约，难以从根本上解决水生生物因栖息地破坏、破碎而面临的多样性丧失问题[15]。因此，有必要寻求干支流之间最佳的开发与保护格局，在干流开发的同时，寻找或营造与开发河段栖息地类似的支流，以原栖息地的形式进行保护已成为近年来水电开发中生态环境保护战略的一种新思路。河流栖息地保护是指以天然条件为基础，适当施以人工综合措施，对支流栖息地进行维护、修复与重建，从而为在干流中受到水电开发影响的土著、洄游、特有及濒危保护性鱼类提供补偿。

2011年环境保护部发布的《环境影响评价技术导则　生态影响》（HJ 19—2011）要求对"不可替代、极具价值、极敏感、被破坏后很难恢复"的生态保护目标必须有"避让措施或生境替代方案"。2012年，环境保护部《关于进一步加强水电建设环境保护工作的通知》中也明确提出"开展'干流和支流开发与保护'生态补偿试点"。在近年水电开发项目的环境影响评价报告书中，河流栖息地保护作为补偿性保护措施被多次提及。2006年《重庆乌江银盘水电站环境影响报告书》中指出"选择与乌江干流生境相似、鱼类资源丰富、环境状况良好的支流，实施鱼类生境替代保护"，并对乌江下游重要支流诸佛江、木棕河、芙蓉江、郁江、大溪河、长溪河等进行比选，认为大溪河具有重要保护价值。2011年《云南省澜沧江黄灯水电站环境影响报告书》中要求"把澜沧江上游的通甸河、德庆河、拉竹河列入保护支流，禁止水电再次开发"。2011年《澜沧江里底水电站环境影响报告书》中也指出"将澜沧江上游的重要支流永支河、洛马河、阿倮河、大桥河等拟定为里底电站河段鱼类自然保护区"。

目前,我国河流栖息地保护的理论和实践工作正处于积极的探索阶段。2005年4月,为了保护长江上游珍稀特有鱼类,协调和妥善处理长江上游水电开发尤其是三峡工程建设和金沙江水电开发与保护之间的关系,国务院办公厅批准实施了"长江上游珍稀特有鱼类国家级自然保护区",将长江上游的一级支流赤水河纳入该自然保护区,禁止赤水河干流建设梯级电站。2007年,华能澜沧江水电有限公司在澜沧江下游重要支流罗梭江建立了鱼类保护区,用以减缓澜沧江中下游梯级水电开发对鱼类资源的影响。该公司还于2012年收购并拆除澜沧江上游支流基独河的四级电站,以保护云南裂腹鱼等珍稀鱼类栖息地,通过河流连通性恢复、河流蜿蜒形态多样性修复、河流横向断面多样性修复、浅滩-深潭结构营造等多种工程措施,支流的自然生态和鱼类栖息地环境得到一定程度恢复。2014年,三峡集团与四川省凉山州签订黑水河鱼类栖息地保护责任框架协议,将金沙江支流黑水河作为乌东德、白鹤滩水电站鱼类替代栖息地予以保护。

针对栖息地保护效果评价,国内外也开展了大量的研究工作。Lopes等通过"标记重补法",在巴西圣弗朗西斯科河干支流监测濒危热带鱼类鲮脂鲤属季节性洄游及繁殖过程,研究表明水库支流对热带洄游性鱼类产卵场具有补偿作用[16];Garcia等发现孔戈尼亚斯河鱼类群落和栖息地特征与干流表现出较大相似性,其洄游性鱼类总数占到干流巴拉那河流域的29%,表明该支流能够为干流受卡皮瓦拉大坝影响的鱼类提供补偿性栖息地[17]。国内高婷对河流(支流)栖息地保护的理论基础进行了相关研究,创新性地提出了实施河流栖息地保护的基本原则、河流栖息地保护的生物学适宜性评价指标体系,并结合生态环境监测资料,在雅砻江减水河段进行了案例分析[18]。洪迎新等以澜沧江梯级栖息地替代的支流基独河与罗梭江为研究对象,并选择了邻近的对照支流,通过对鱼类调查数据的分析对比,揭示了各支流鱼类种类组成与群落结构的差异特征，初步阐明了梯级开发下鱼类支流栖息地保护效果[19]。

目前，我国关于支流栖息地保护的一些实践工作也可为鱼类栖息地保护等研究提供前期的技术支持，但是河流栖息地保护还缺乏系统理论与评估方法，还需开展进一步深入研究。另外，我国河流栖息地监测系统尚不完善，生物监测资料严重缺乏，这方面问题在支流中尤其突出，大大制约了我国河流栖息地保护研究的发展。

1.2.2 水库生态调度研究进展及实践情况

生态调度的研究是以生物的生态需求作为研究导向，通过生态流量的评估研究建立起水生生物生态需求与河流水文条件变化的响应关系的理论基础，探索满足生态需求的水库多目标优化调度模式，并在试验的实践中不断改善调度的方案。

1.2.2.1 生态调度研究进展

生态流量的研究论述了河道流量状态、生物和生态系统之间的耦合关系，从不同角度建立了河流水文条件与保护目标生物需求之间的生态水文响应关系，为恢复河流生态系统的健康提供了理论基础，而将这些需求理论的研究付诸实践则需要依赖水库的调度运行来实现。传统的水库调度运行的核心是发挥水库防洪、发电、灌溉等社会经济效益，往往会忽视生态环境效应的调控措施，生态调度概念的提出则为协调水库的兴利效益与生态效益提供了一个有效途径。生态调度是指通过调整水库传统调度运行方式，将生态流量需求纳入水库的综合调控中，减缓水库运行对河流生态环境不利影响的一类非工程措施[20]，旨在根据特定的保护目标，例如，保障生态需水量、实施生态补水、改善河流水质、调整水沙过程、刺激鱼类繁殖等[21-25]，继而制定针对性的调度方案。如何协调生态需求和常规兴利调度需求，营造可行的调度方案，是水库生态调度执行层面的科学问题，也是研究的热点和难点问题。

1. 生态需求作为约束的水库生态调度

将生态流量的需求作为约束条件纳入水库调度模型是生态调度的一个主要方法。Wang等将四大家鱼产卵所需的涨水过程和控制藻华所需的生态流量整合到汉江中下游水库群联合调度中，在年尺度上平衡了生态调度造成的发电、供水效益的损失[26]。Wen 等利用 PHABSIM 模型对目标鱼类不同生命节点的水文需求进行量化，将其转换为生态限制线并纳入水库调度图中，模拟了云南红河戛洒—马堵山梯级水库生态调度运行[27]。Xu 等关注库区静水条件对鱼类洄游的阻碍，通过 EFDC 模型研究鱼类洄游所需的水动力和温度需求，并作为生态约束纳入水库调度多目标优化模型中[28]。Zhang 等通过 7Q10 法、RVA 法和 River2D 模型计算了生态基流、生态流量过程和鱼类栖息地的需水量，研究多个生态约束条件下的澜沧江下游梯级生态调度[29]。

2. 生态需求作为目标的水库生态调度

以保护生态需求为目标，通过生态响应关系来设计满足目标的下泄径流流态是另一种生态调度研究方法。例如，在水库电站发电调度时，水库水位的大幅波动影响着库区水生生态系统的结构和功能[30-31]，如底质、温度和水质，这些非生物变化可以直接或间接影响鱼类种群资源，Kennedy 等针对此提出了一项研究，在格伦峡谷大坝电力需求相对较低的周末不进行电网峰值，为无脊椎动物提供产卵栖息地，恢复食物网的完整性，保障鱼类的营养结构[32]。Ma 等以三峡水库为例，采用非支配排序遗传算法和 copula 联合分布函数相结合的多目标优化调度方法，考虑水力发电、防洪和鱼类产卵三个目标，提出了一种确定前汛期汛限水位的优化框架[33]。

Wang 等计算了本地和外来鱼类年内所需的生态流量范围，应用不同时间尺度出库流量变化的方法构建了鱼类需求流量过程的满足程度的生态目标应用于丹江口水库的生态调度中[34]。Liu 等结合栖息地模型，研究考虑鱼类产卵期和孵化期的锦屏一、二级电站联合生态调度方案，提出在调度期锦屏一级电站下泄生态流量的同时，降低锦屏二级电站的水库水位，为两坝间支流补偿生态流量[35]。Liu 等提出了考虑不同鱼类洄游、产卵和孵化过程中游泳能力、水流感知能力和生态偏好的评价框架，应用在了白鹤滩水库的生态调度研究中[36]。

1.2.2.2 生态调度实践开展现状

水库生态调度试验已经在美国、欧洲、澳大利亚和中国开展了大量的实践工作[37]。国外的研究多将生态调度称之为改进大坝运行方式或环境流量的实施，其开展的形式主要有两种[38]：①进行人造洪水脉冲试验，典型代表有美国格伦峡、中国三峡生态调度试验；②改变水库常规调度运行，根据计划分时段、分类型地实施生态流量整改，典型代表有美国的可持续河流项目。据统计，截至2019年，世界上有超过100座水库开展了生态调度的实践，其中大部分是实施人造洪水脉冲试验[37,39]。

中国最具代表性的生态调度试验实践是三峡水库自2011年起开始开展针对产漂流性卵鱼类"四大家鱼"自然繁殖的生态调度试验，2017年起生态调度试验由三峡与溪洛渡、向家坝联合调度开展为长江中上游河段制造洪峰过程，2020年起三峡还启动了促进库区产黏沉性卵鱼类繁殖的生态调度试验。

美国科罗拉多河流域是进行生态调度试验研究最频繁的地区[38,40-41]。位于科罗拉多河的格伦峡大坝分别于1996年、2004年、2008年、2012年开展了人造洪水试验，目标为抑制科罗拉多河外来鱼类虹鳟鱼的种群数量并恢复本地濒危的白鲑鱼的栖息环境，重新塑造河流边滩，改善大峡谷地区的生态环境，同时在每次试验中同步开展目标鱼类种群动态和水生食物基础的驱动因素以及生态调度洪水过程与鱼类种群的生态水文响应关系。持续的生态调度试验和下游生态响应监测已经通过大峡谷监测和研究中心的形成制度化，2016年签署的长期试验及管理计划提供了格伦峡的生态调度一个框架，用以指导未来20年内格伦峡谷大坝的运行调度、人造洪水试验和适应性管理，各种管理措施将在计划的20年时间框架内根据条件进行，包括针对白鲑鱼种群数量恢复、抑制虹鳟鱼繁殖、无脊椎动物的产卵繁殖和稳定流试验。2012年11月20日，美墨国际边界水委员会批准了世界上第一个跨越国际边界的环境流量释放[42]。莫洛雷斯大坝在2013—2017年向科罗拉多河三角洲泄放了每年 0.65 亿 m³ 的生态基流维持栖息地适宜度。科罗拉多河支流比尔威廉姆斯河为无脊椎动物、鱼类和河岸植物等开发了概念水文生态学模型，将洪水脉冲和生态基流大小、持续时间、频率和变化速率与特定的生态过程或功能联系起来，设计生态调度试验的泄流策略，并于 2006—2008 年在阿拉莫大坝进行了小规模的洪水脉冲试验[43]。监测结果发现大坝附近的非本地鱼类在短期内有所减少，但在 8 天后鱼类种群组成恢复至了原状[44]。

美国陆军工程兵团于 2002 年启动了可持续河流项目，评估 2002—2009 年格林河、萨凡纳河、比尔威廉姆斯河、大柏树溪和威拉米特河五个试验点河流水库的生态调度试验效果[45]。格林河大坝于 2002 年 12 月最先启动了试验，模拟天然河流的流量涨落速率下泄高流量脉冲，延长水库蓄水期并改变枯水期的调度模式。紧随其后其他河流也陆续实施了季节性的人造洪水脉冲试验。试验点的生态调度试验从假设生态流量与生物响应有直接的响应关系着手，进行了一系列短期、密集的试验研究，并开展长期的生态系统监测，以验证生态流量泄放对于保护目标的影响过程，以便不断地调整优化生态调度策略。

欧洲的多个国家也在 21 世纪初开展了大量的生态调度试验。法国迪朗斯河上的四座梯级水库于 2014—2017 年开展了联合生态调度下泄清水，减少泥沙堵塞，疏通河床，恢复底栖鱼类产卵期前的生态条件[46]。不同河段的调度启动时间有所差异，一是考虑到保护目标鱼类繁殖期的差异性，二是为了防止黏沉性的鱼卵和胚胎被急流冲走[47]。西班牙的水立法倡议将试验性洪水列为水环境管理战略的一个强制性条例，其 2008 年的《国家水文规划导则》提出了在梯级开发的河流中制造人造洪水过程的要求，目的是保护河流物种的种类和数量、改善水体水质、修复河流生境的状况和恢复河、湖、海洋的水系连通[48]。发源于瑞士阿尔卑斯山脉中的施珀尔河是实施生态调度试验和开展长期生态监测的又一典型案例[49]。从 2000 年起，奥瓦斯平大坝和蓬特多加尔大坝每年定期联合调度实施 1~2 次生态调度，至 2021 年已经实施超过 30 次的人造洪水脉冲试验，最初的目标是改善河流中褐鳟的栖息地条件。生态调度的持续时间为6～8h，涨水过程呈锯齿状上升，峰值流量持续时间2～3h，退水过程相对平缓避免鱼类搁浅[50]。

澳大利亚多个流域也开展了大量的生态调度试验。墨累-达令流域东北部的塞文河上的平达里大坝在2008年10—11月开展了两次生态调度[51]，两次试验间隔的15天下泄生态基流。渔获物中鱼卵和幼鱼的群落组成没有明显的改变，说明鱼类对于生态调度的响应不明显，试验效果不佳的原因可能是两次调度中间下泄的生态基流的持续增加导致鱼卵被冲至下游，也可能是水库下泄的低温水影响了鱼类的产卵响应。墨累-达令流域南部墨累河的22个漫滩湿地于2008—2010年开展了26次生态流量泄放试验恢复湿地栖息地和包括鱼类在内的生物群落，在河流湿地径流减少的背景下，鱼类对生态调度的环境流量产卵响应显著[52]。澳大利亚亨特河流域在2007年开展了一次生态调度的对照组试验，试验设计包括两对自然条件相似的天然河流和筑坝河流组合（阿林河和帕特森河，威廉姆斯河和奇切斯特河），帕特森河上的洛斯托克大坝实施了为期6天的生态调度，而奇切斯特河上的奇切斯特大坝则不进行生态调度[53]。监测结果显示两组河流中，目标鱼类胡瓜鱼和白杨鱼均没有明显的生态水文响应。

1.2.3 分层取水设施研究进展及运行管理实践情况

1.2.3.1 分层取水设施建设情况

叠梁门分层取水是目前我国大中型水电工程中应用较为广泛的水温管理措施，代表性工程有滩坑、光照、糯扎渡、锦屏一级、溪洛渡、江坪河、黄登、双江口、乌东德、白鹤滩、两河口等（表1.1)[54-57]。

虽然叠梁门分层取水设施在工程实践中得到了广泛应用，但大型深水水库由于分层取水的叠梁门门叶众多，每叶叠梁门可重达十几吨，启闭工程难度大，完成一次水温调控调度需要几天，甚至十几天，因此目前大多处于试运行和调试阶段，叠梁门运行层数较少，

表 1.1　　国内部分大型水电工程分层取水设施建设情况

序号	水电站名称	建设状态	引用流量/(m³/s)	水位变幅/m	分层取水方式	叠梁门顶控制水深/m
1	滩坑	已建	3×213	40	8层叠梁门，层高5m，底坎高程95.00m	10～15
2	光照	已建	4×217	54	6孔叠梁门，底坎高程670.00m	>15
3	锦屏一级	已建	6×377	80	3层叠梁门，底坎高程1779.00m	>21
4	糯扎渡	已建	9×393	47	4层叠梁门，底坎高程736.00m	>29
5	溪洛渡	已建	18×424	60	4层叠梁门，底坎高程518.00m	>20
6	双江口	已建	4×273	80	叠梁门、岸塔式	>17
7	白鹤滩	已建	16×460	60	6层叠梁门	>25
8	两河口	已建	6×249	80	叠梁门、岸塔式	>20
9	乌东德	已建	6×691	30	叠梁门、岸塔式	—

大多只运行了1～2层，未能按照设计推荐方案运行。鉴于叠梁门分层取水设施在我国应用的普遍性，本书有关分层取水的研究，重点针对叠梁门分层取水展开，后面提及的分层取水设施若无特殊标注，也均指叠梁门分层取水。

1.2.3.2　分层取水设施运行效果研究

分层取水设施运行效果的研究正处于发展阶段，主要基于原型观测和数值模拟展开。近年来，随着计算机技术的发展，探索AI算法在水库水温预测领域应用的研究逐渐增多，为研究分层取水效果提供了新的技术手段。

1. 基于原型观测的分层取水效果研究

原型观测是获取分层取水设施运行后现场水温数据的直接手段，也是客观评价分层取水设施运行效果的基础，水温观测结果可直接用于评估分层取水设施的运行效果，指导运行方案的设计优化。我国近年来修建的许多大中型水库设置了分层取水设施，并陆续开展了相应的原型水温观测，但当前的观测大多服务于某一阶段的环境影响评估，缺乏联系性、系统性的观测，积累的数据量也有限，在此基础上开展的分层取水设施运行效果分析，代表性也稍显

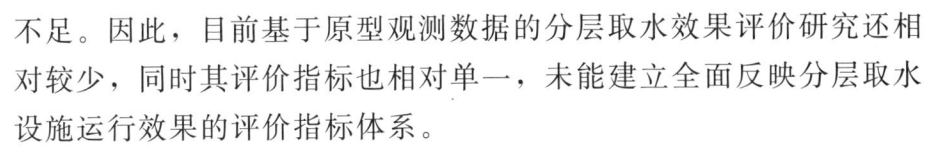

不足。因此，目前基于原型观测数据的分层取水效果评价研究还相对较少，同时其评价指标也相对单一，未能建立全面反映分层取水设施运行效果的评价指标体系。

傅菁菁等基于滩坑水电站2010—2011年叠梁门运行状态下的实测尾水水温，评估了叠梁门的运行效果，结果显示，与单层进水口时的模拟下泄水温相比，升温期，叠梁门的运行使下泄水温平均提高了5.7℃，说明叠梁门对下泄水温有一定的改善效果[55]。

李坤等基于糯扎渡水电站2015年、2016年4—8月的实测下泄水温数据，分析了叠梁门试运行期间的取水效果，分析结果显示，糯扎渡水电站在2015年4—8月仅运行了一层叠梁门，2016年运行了两层叠梁门，两种运行方案下，下泄水温均能达到下游水温目标需求，因此电站设计推荐的三层叠梁门运行方案可能过于保守[56]。

陈栋为等以光照水电站2014年3—5月叠梁门运行工况下的实测水温数据为基础，利用分层取水设施运行后下泄水温的提高度作为评价指标（分层取水设施运行前的水温以引水洞中心高程处库区水温值为代表），评价了分层取水设施的运行效果，结果显示，叠梁门运行后，下泄水温提高了0.7~3.4℃，且随着库表水温的上升，叠梁门的运行效果逐渐明显[54]。

2. 基于数值模拟的分层取水效果研究

在实测资料缺乏的情况下，数值模拟技术可以利用有限的数据资料，通过假定典型工况等方法，模拟库区水温结构变化，预测出流水温，是目前分层取水效果研究的最主要技术手段。尤其是在工程设计阶段或环评过程中，多利用数值模拟技术模拟水库建成后的水温分布，提出分层取水设施设计方案及典型工况下的运行建议。然而，在工程运行阶段，水库来水过程复杂多变，并非典型工况可以代表，利用设计阶段提出的取水方案，难以达到理想效果，而数学模型的构建过程复杂、专业性强、计算耗时大，难以快速应对复杂多变的来水条件，因此在运行期结合水电站运行情况，应用数值模拟技术实际指导分层取水运行调度的研究尚罕见报道。

水温模型的研究经历了垂向一维、立面二维、三维的发展历程。垂向一维水温模拟模型的研究始于20世纪60年代的美国，其中最为著名的为1970年提出的WRE模型[58]，麻省理工学院提出的MIT模型[59]，之后的许多模型多是由这两个模型演化而来。20世纪80年代开始，我国开始陆续开展水温模拟方面的研究，21世纪后，我国一维水温预测模型的研究进入了高速发展阶段，众多专家学者利用构建的垂向一维模型，预测分析水库建设对水温结构及下泄水温的影响[60,61]。

一维模型重点关注于水温在垂向上的变化发展规律，忽略了流速、热量在纵向上的输移，因而不适合用于纵向变化较大的狭长形水库，针对这一问题，立面二维水温模型被研发出来。立面二维模型简化了宽度方向上的物理变量，重点关注纵向和垂向上的物理变化过程，尤为适用于狭长形水库的水温，也是目前分层取水设施运行效果研究中最常用的数值模型。CE-QUAL-W2是现今发展较为成熟的立面二维水动力学和水质模型，在国内外均有广泛的应用。Gelda和Effler、Ma等利用二维数学模型CE-QUAL-W2分别预测了斯科哈里水库和库里什水库分层取水方案下的水库水温结构[62-63]。龙良红等利用CE-QUAL-W2模型模拟了溪洛渡和向家坝水库的水温时空分布特征[64-65]。

三维水温模型综合考虑了温度垂向、横向、纵向的变化，耦合求解流场的速度场，能够有效地应对复杂的库区地形边界。国外三维水温模型方面的研究成果丰硕，开发了EFDC、FLUENT、DELFT3D等湖库三维水温模型。我国的水温三维数值模拟在进入21世纪后也有了长足的发展，在分层取水效果研究中的应用日渐增多。例如，任华堂等采用三维水温模型模拟了阿海水库在不同取水口高程下的库区水温分布情况，分析了取水口位置变化对水体水温结构和下泄水温的影响[66]。李璐和陈秀铜利用三维水温模型，模拟了3—6月锦屏一级水电站不启用叠梁门、一层叠梁门、两层叠梁门和三层叠梁门取水方案下的下泄水温，结果显示，两层叠梁门和三层叠梁门方案时，下泄水温与天然河道水温接近[67]。

王海龙等利用三维水动力水温模型模拟了糯扎渡水电站丰、平、枯三个典型年的水库水温分布结构，结合流域下泄水温调控目标，电站发电、防洪、航运等目标，提出了分层取水设施运行方式建议[68]。

3. 基于人工智能算法的分层取水效果研究

AI算法因善于快速解决复杂非线性问题的能力而备受关注，探索利用AI算法快速实现水温结构判别、下泄水温预测是分层取水设施运行管理研究的新方向，目前相关研究主要集中在以下几个方面。

(1) 用于水温分层模式的判别。AI算法的优点在于其可以避开研究水温分层影响因素与分层模式之间的内在机理及显示表达，直接通过收集水温分层影响因素与分层模式的样本数据，建立两者之间的映射关系，进而实现对水温分层模式的准确判别。如郜志红等收集了国内30余座水库的特征信息及水温分层特性数据（水温结构涵盖分层型、过渡型和混合型），建立了基于BP神经网络的水温分层模式判别模型，实现了对水温分层模型的准确判定[69]。

(2) 用于库表水温的预测。在该项应用中，研究人员通常将AI算法和传统经验公式法相结合，利用AI算法建立水温影响因素与库表水温之间的映射关系，实现对库表水温的精准预测，同时利用经验公式预测库底水温，进而实现对季调节以上大型水库水温结构的精确刻画。如李兰等构建了基于"ANN-统计方法-朱伯芳法-东勘院法"的联合水温预测综合经验模型，并用于预测长江上游梯级开发对河段内水温时空分布规律的影响，以及对规划河段末端水温的累积影响[70]。代荣霞等构建了基于"ANN-统计方法-朱伯芳法"的水库垂向分层综合计算模型，以ANN预测库表水温，以统计方法估算库底水温参数，进而以朱伯芳法估算了库区垂向水温分布情况[71]。

(3) 用于水库下游水温的预测。Shaw等耦合CE-QUAL-W2和ANN算法实现了对实测资料较少的情况下，小型水库下泄水温的快速、精准预测[72]。Zhang等以水库水温形成机理指导机器学习建模，实现了大型深水水库下泄水温的快速预测，在取得和数值模拟模型相当预测精度的同时，极大地降低了计算成本，预测速度可达秒级响应，预见期可达7～15天，研究成果有望突破分层取水设施管理技术瓶颈，可为分层取水设施的优化调控提供科学的指导工具[73]。

1.3 研究内容

（1）栖息地保护效果评估。系统调研国内外栖息地保护的措施、技术方法和保护效果的评价体系。在此基础上，构建栖息地保护效果评估的理论框架（包括指标体系、方法体系等）。选择雅砻江或金沙江流域的典型河流/河段，进行栖息地保护措施和生态现状调查，开展栖息地保护效果评估的实例应用。

（2）生态调度效果评估与优化调度模式。调研国内外多目标生态调度的模型、优化调度的规程和调度效果的评估体系。在此基础上，构建生态调度评估的理论框架（包括指标体系、方法体系等）。选择长江三峡工程，在生态调度期间，在下游河道开展流场、鱼类早期资源的同步调查，以实例评估生态调度效果。在此基础上，构建多目标优化调度模型，探索优化调度模式，制定优化调度规程。

（3）减缓水库低温水的分层取水效果评估与优化调度模式。调研国内外水库减缓下泄水温影响的措施，重点调查分层取水设施的结构设计、取水方案和效果评估体系。构建分层取水效果评估的理论框架（包括指标体系、方法体系等）。选择雅砻江或金沙江流域典型水电站（如锦屏水电站），监测取水口断面、坝下断面和下游河道的水温变化，同时应用水温预测模型，补充计算不同运行条件和取水方案下的坝前水温和下泄水温分布，评估不同方案分层取水的效果。在此基础上，探索温度优化调度的模式。

本书研究技术路线见图1.1。

1.3 研究内容

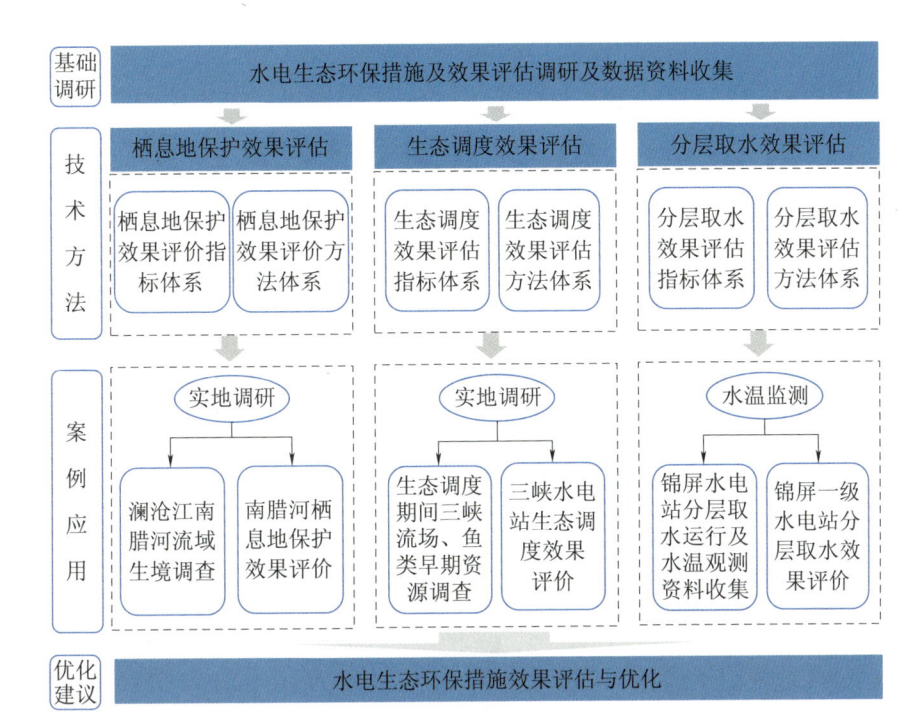

图 1.1 技术路线图

第 2 章 鱼类栖息地保护效果评价技术与应用

国内鱼类栖息地保护实践特别重视干支流之间最佳的开发与保护，当无法通过在干流保留一定河段实现对鱼类的保护时，支流栖息地替代作为干流水电开发导致鱼类栖息地丧失的一种补偿措施，近年来受到广泛关注[18-19,74]。支流栖息地替代是指以天然河流条件为基础，从水生生物栖息地保护的角度出发，通过寻找或营造与开发河段生境类似的河流/河段（通常是与开发河段相连通的支流），对支流栖息地进行维护、修复与重建，从而为在干流中受到水电开发影响的土著、洄游、特有及濒危保护性鱼类提供补偿[75]。

然而，支流保护作为一个新的生态缓解举措，在具体的实施工作中还存在许多疑问和难题，还有待进一步深入研究和实践。例如，支流栖息地能否在一定程度上替代干流栖息地，支流栖息地是否具有保护的条件，支流保护的适宜性，这些都是实际工作中面临的问题。

就此一系列问题，本章从流域生态系统角度出发，提出了河流（替代）栖息地替代保护适宜性的评价方法，应用相似系统论提出了基于模糊相似理论的干支流物种和栖息地的相似性分析方法，形成了一套针对水电开发中河流（替代）栖息地保护筛选和择优的关键评价技术，以期为干支流协调发展中保护支流的综合比选、保护效果预估、保护优先级排序等生态环保工作提供理论基础和技术支持。

2.1 河流鱼类栖息地保护措施

河流保护与开发是一对矛盾体。所谓河流开发，是指人类对河流水资源的开发利用，其利用形式主要包括防洪、发电、航运、养殖、供水、灌溉、旅游娱乐等。而水利水电建设在发挥防洪、发电、供水、航运等兴利效益的同时，也不可避免地改变了原有河流的水文、水动力、水温、水质、底质、地形等条件，阻隔了鱼类的洄游通道，破坏了水生生物生长繁殖的栖息地，对生态环境带来一些负面影响。所谓河流保护，是指保护河流的生态系统，修复或恢复受损河流的自然条件。因此，协调"保护与开发"这对矛盾关系，寻求之间的平衡与折中，是实现河流健康可持续利用的重要基础。

目前，我国在处理河流水电开发与生态保护这一矛盾关系时，通常采取鱼道等河流连通性改善措施、河流栖息地重建措施、建立水生态监测体系以及支流栖息地保护等。

2.1.1 改善河流的纵向连通性

大坝对河流生态系统最主要的效应之一，就是大坝对河流纵向连通性的破坏使生物栖息地破碎化。大坝阻隔了具有溯河性或降河洄游性鱼类的洄游通道，导致很多鱼类不能正常完成生命史。在河流栖息地保护的工作中，可通过一些工程的或非工程的技术手段改善被保护支流的纵向连通性。例如，在原有筑坝的支流上，通过修建鱼道等过鱼设施来改善支流的纵向连通性，对有条件拆除拦河大坝的部分支流也可以通过拆坝等措施来改善河流的连通性。

（1）修建过鱼设施。建设过鱼设施可以有效地解决大坝建设所造成的鱼类洄游阻隔等问题。过鱼设施是指让鱼类通过障碍物的人工通道和设施，按照鱼类洄游路线，过鱼设施主要分为上行过鱼设施和下行过鱼设施两种类型。上行过鱼设施包括鱼道、鱼闸、升鱼机和集运渔船等，下行过鱼设施包括拦网、电栅等。

（2）拆坝。除了修建过鱼设施外，在部分支流上可通过拆坝来改善河流的纵向连通性，实施生态修复。当前，拆坝主要是拆除一些效能低下的闸坝，这些坝拆除之后可能会给生态环境带来一定的益处。从 1999—2003 年美国拆除的 148 座坝的资料（1999 年拆除 19 座，2000 年 6 座，2001 年 22 座，2002 年 43 座，2003 年 58 座）中可以看出，每年拆坝的数量呈上升趋势，尤其是 2002—2003 年的拆坝数量较之 1999—2001 年有较大幅度的增长。这些拆除的坝中通常为服役年限较长的老坝，且位于较小的支流或是小溪沟上。几乎所有坝拆除后河流生态环境都得到一定程度的恢复，尤其表现在鱼类栖息环境和洄游通道的恢复等方面。但是，拆坝也可能会破坏既成的生态系统，从而带来新的生态和社会问题，例如，个别坝拆除时由于泥沙处理不当，对下游造成不利影响，因此拆坝应该经过科学的论证，须谨慎行之。

我国通过拆坝恢复河流纵向连通性的实践工作还处于起步和探索阶段。2012 年，华能澜沧江水电有限公司收购了澜沧江上游支流基独河的四级电站，并通过大坝拆除、封堵引水电站进口，恢复河流的连通性，并通过河流蜿蜒形态多样性修复、河流横向断面多样性修复、浅滩-深潭结构营造、人工湿地修复、河道内部栖息地强化修复等多种工程措施，恢复了支流的自然生态和鱼类栖息地环境。

2.1.2 河流生物栖息地重建、再造

支流河流生物栖息地重建是指由于筑坝引起的水文情势改变、水库淹没、河床演变、连通性变化等现象使得河流水、陆生生物栖息地发生了不同程度的退化，可以通过人工再造栖息地的方式进行恢复和补偿。例如，重建鱼类产卵场、重建人工阶梯-深潭系统、建设人工鱼礁和浮动鱼巢等。余国安等人在西南山区的吊嘎河上下切严重的河段，通过布置 15 级人工阶梯，对水流（水深、流速、水面宽、流量）、河床底质、河床微地貌和水生底栖动物物种及数量变化进行了 5 个月的检测，并采用大型底栖无脊椎动物评价河流生态。评价结果显示，人工阶梯-深潭系统布置后，水生生物栖息地多样性上升，单位面积水生生物密度、物种丰度及生物群落多样性指数均呈上升趋势，河流生态得到改善[76]。

2.1.3 建立水生态监测体系

国内外理论实践证明，保护河流健康必须建立长期有效的监测体系[77]。水生态监测是进行水生态系统规划与保护的基础关键环节，是监测体系的重要组成部分。与传统的水环境监测相比，水生态监测从生态系统完整性的角度出发，通过各种物理、化学、生物、水文、生态学等各种技术手段，对生态环境中的各要素、生物与环境之间的相互关系、生态系统结构和功能进行监控和测试，为评价水生态环境质量、保护与修复生态环境、合理利用河流资源提供依据。水生态监测包括水环境监测和水生生物监测。欧洲国家开展水体生态和生物状况的研究已超过30年的历史，水生态监测经历了探索、论证、成熟和规范等几个阶段。2000年颁布的《欧盟水框架指令》，其终极目标即为将生态状况作为反映水体生态健康的主要指标。欧盟各国开展了广泛的水生态和生物监测体系的研究和实践工作。在执行《欧盟水框架指令》的过程中，通过各成员国之间的相互合作，陆续颁布了配套的生态与生物监测技术规范和标准，为水生态保护规划和水资源综合管理提供了关键的基础信息。

与国外相比，我国在水生态监测方面的研究起步较晚。自20世纪90年代才开始逐步重视水生态环境的保护和修复，并将河流健康理论作为河流生态修复的重要依据，相继开展了不同河流健康状况评价指标体系和评价方法的研究。2010年水利部印发了《全国重要河湖健康评估（试点）工作大纲》与《河流健康评估指标、标准与方法（试点工作用）》后，在全国范围内正式启动了河湖健康评估试点工作。水资源保护从过去单纯的水质保护扩展到河湖生态系统的保护，水生生物监测与评价成为河湖健康评价试点工作的重点、难点和弱点。由于我国水生态监测工作起步较晚，历史资料极度匮乏，尤其是在水生生物数据方面，基础研究较为薄弱，目前尚未建立全国性的、系统的水生态监测体系。因此，健全水生态监测体系，同时构建相应的河流生态保护评估体系，是河流水生态保护和修复工作的重要基础和理论依据。

2.1.4 支流栖息地保护

支流保护是对干流水电开发造成的各种不利生态影响进行补偿的措施之一。支流保护着眼于寻求干支流之间最佳的开发与保护格局，从水生生物栖息地保护的角度出发，通过寻找或营造与拟开发河段栖息地类似的河流/河段（通常是与开发河段相同的支流），划定保护区，以原栖息地保护（或类原栖息地保护）的形式，保护受干流开发影响的水生生物，维持流域内河流的生态功能[15]。另外，保护的支流不仅可以为干流大规模开发后许多可能或只能到支流生活的鱼类提供自然繁殖所需的环境[78]，也可为人工增殖放流的鱼苗提供适宜的栖息地，从而实现对水生生物的有效保护。

国内支流保护的实践是从三峡工程选择赤水河这一长江上游支流进行综合保护开始的。1995年，为论证赤水河建立鱼类保护区的必要性，国务院三峡建设委员会、中国科学院水生所、农业部渔业局、长江水资源保护科学研究所等相关人员一行，对赤水河流域进行综合科学考察。1999年和2000年，曹文宣院士在全国政协大会上分别提交《建立赤水河长江上游特有鱼类自然保护区》和《为保持茅台酒等名酒特有的品质，建议不要在赤水河干流修建水电工程》的提案。2005年4月，为了保护长江上游珍稀特有鱼类，协调和妥善处理长江上游水电开发尤其是三峡工程建设和金沙江水电开发与保护之间的关系，国务院办公厅批准实施了"长江上游珍稀特有鱼类国家级自然保护区"，将长江上游的一级支流赤水河纳入该自然保护区，禁止赤水河干流建设梯级电站。

继赤水河之后，华能澜沧江水电有限公司在澜沧江下游开展了支流栖息地替代相关工作，但实际工作中，还存在许多疑问和难题亟待解决。例如，选择哪条支流进行保护效果最佳，选择的理论依据和评判标准是什么，支流保护的关键要素是什么，支流栖息地能否一定程度上替代干流栖息地，支流栖息地是否具有保护的条件。针对这一客观需求，本书对干支流鱼类种群结构、物种丰富度、河流连通性、水文、水动力、水环境、河流地形地貌等方面进行大量的文献调研和资料收集，凝练了干流水电开发中河流栖息地保护的内涵，建立了河流栖息地保护的可行性与适宜性评估理论体系和技术方法。

2.2 鱼类栖息地保护效果评价技术方法

2.2.1 等级划分

河流栖息地的适宜性是一个定性的概念，需要对其进行量化，以便于建立评价指标量与适宜性等级之间的关系。为了能有效地判断河流栖息地的适宜性状况，在分析评价中需要设立一个衡量尺度和标准，对度量结果的好坏优劣进行判断。因此，河流栖息地的适宜性评价应首先确定其适宜性等级，具体适宜性等级划分见表2.1。

表2.1　河流（替代）栖息地的适宜性等级表

适宜性指数	适宜性等级	含义
(0.8, 1]	高度适宜	干支流物种的种群结构相似性高，栖息地条件的相似性高，干支流连通性强，支流生态健康，生物栖息地质量优、数量多
(0.6, 0.8]	适宜	干支流物种的种群结构和栖息地条件基本相似，干支流连通性较强，支流生态系统一定程度退化，但生物栖息地数量较多
(0.4, 0.6]	一般适宜	干支流物种的种群结构和栖息地条件相似性一般，干支流连通性一般，支流生态系统一定程度退化，生物栖息地数量适中
(0.2, 0.4]	勉强适宜	干支流物种的种群结构和栖息地条件大体相似，干支流连通性较差，支流生态系统较大程度退化，生物栖息地数量较少
[0, 0.2]	不适宜	干支流物种的种群结构和栖息地条件基本不相似，干支流连通性差，支流生态系统严重退化，生物栖息地数量极少或消失

2.2.2 河流栖息地保护的环境要素

河流栖息地保护的环境要素是从影响鱼类生存繁殖的直接因子和间接因子这两个角度出发进行调研的，直接因子包括水文因子、水动力因子、水环境因子和地形地貌因子；间接因子包括河流连通因子、栖息地安全因子、生态健康因子和社会经济因子，具体影响因素及影响意义见表2.2。

表2.2　　　　河流（替代）栖息地保护的环境要素

影响因素分类	影响因素	影　响　意　义	文献出处
水文因子	月均水量（径流量）变化	影响水生生物栖息可能性；滨水植物供水可得性	文献[79]
	产卵期总涨水日数	影响鱼苗发江量	
	涨退水过程/水位波动	刺激鱼类产卵	文献[80]
水动力因子	流速	鱼的感应流速、喜好流速、极限流速；鱼类对产卵场的流速选择；刺激鱼的产卵；影响鱼卵漂浮	文献[12, 81]
	流量	与时间序列结合，反映栖息地空间随时间的变化	文献[12, 82]
	水深	鱼的喜好水深	
水环境因子	水温	刺激鱼类产卵	文献[83]
	水质（pH值）	影响鱼类活动、摄食、消化和生长	
	含沙量	影响产卵场中黏性卵的着床率；影响栖息地饵料组成	
	溶解氧	影响鱼类生命强度	
地形地貌因子	河流蜿蜒度	影响栖息地多样性，为鱼类栖息和繁殖提供适合场所	文献[84-85]
	底坡	影响栖息地多样性	
	河底基质	影响产沉性卵的鱼类对产卵场的选择	文献[86-87]

续表

影响因素分类	影响因素	影 响 意 义	文献出处
河流连通因子	纵向连通性	影响洄游性鱼类产卵繁殖，改变河流生态连续性	文献[88-89]
	横向连通性	影响鱼类觅食、幼鱼成长	文献[90]
	干支流连通性	影响鱼类、水鸟栖息	文献[91-92]
	河岸利用程度	影响河流横向连通	
栖息地安全因子	洪水频率	影响栖息地结构稳定和生态安全	文献[93-94]
	水土流失强度		
	河床稳定性		
	河岸稳定性		
生态健康因子	生物多样性	影响河流生态健康	
	加权可用栖息地面积	反映鱼类栖息地面积	文献[95]
	栖息地破碎性	反映鱼类栖息地质量	
社会经济因子	保护成本	影响保护的可持续性	文献[15]
	生态价值	影响保护效果	

2.2.3 指标选择与指标体系构建原则

河流栖息地保护的目标是保护河流生物多样性，实现河流生态系统的健康、可持续发展。科学合理的指标体系是准确评价河流栖息地保护适宜性的基础和前提，也是主管部门管理决策的重要手段。河流栖息地保护涉及诸多影响因素，其适宜性程度需要从中选取代表性指标，构成能够综合反映其适宜性的指标体系来定量评价。本书根据河流生态学、鱼类生态学、保护生物学、生态经济学等多个学科理论，设计由不同指标组成的综合指标体系，从不同角度反映河流栖息地保护的适宜性。本书选择指标和构建指标体系遵循如下原则。

（1）系统性原则。系统性是生态系统的重要特征之一，任何一个生态系统都是由多个成分有机结合的统一体。河流水文、水动力、水环境、地形地貌、生物多样性、生态健康、生态安全、生态价值是评价河流栖息地保护适宜性的重要因素,必须从整体上把握其结构和功能,不能片面强调某一方面。因此,在指标选取时,应从生态系统的系统性出发,既要选择各组成要素的特有指标,又要选择表征系统功能的指标。另外,还要从系统层次性的角度出发,构建能够反映河流栖息地保护工作中各个层级、各个方面的指标,通过逐层分析、综合测算,才能准确评价河流栖息地保护的适宜性。

(2) 科学性原则。从事物的本质和客观规律出发,构建科学严谨的评价指标体系。指标选择合理,含义明确,指标和权重计算方法科学、规范,评价采用的数据准确可靠,数据来源符合相关技术标准,整体能够克服反映河流生态系统的基本特征,能够较好地度量河流栖息地保护的适宜性水平。

(3) 代表性原则。选择的各指标具有突出的代表性,能够反映支流生态系统的结构和功能特点,并客观反映河流栖息地对目标鱼类的替代和保护程度。

2.2.4 适宜性评估指标体系

要实现河流栖息地的保护,首先拟保护的河流栖息地需要具备一定的栖息地条件,能够一定程度上实现替代效果,其次需要具备一定的保护条件。基于此目的,在进行河流栖息地保护的适宜性评价时,应从理论和技术角度,综合评判其适宜性情况。因此,河流栖息地保护的适宜性可用替代适宜性和保护适宜性两个方面来综合表征。首先,支流要发挥适宜的替代作用,应在栖息地方面和物种方面具有一定的相似性,因此,替代适宜性可用栖息地相似性和物种相似性两个子目标来评价;其次,支流具备适宜的保护条件,应具有良好的河流连通性和健康的生态系统,因此,保护适宜性可用支流连通性和生态健康性两个子目标来评价。具体指标的构建方面,栖息地相似性、支流连通性和生态健康性的具体指标和计算依据是根据河流栖息地保护的主要环境要素(表2.2)筛选而得;物种相似性的具体指标是用土著鱼类、特有鱼类和重点保护鱼类的物种相似性来表征，反映了从普遍到特殊的鱼类物种相似性。河流栖息地保护的适宜性评价指标体系见表 2.3。

表 2.3　　　　　　　　适宜性评价指标体系

目标层	准则层	子目标层	指标	具体计算依据
适宜性指数（A1）	替代适宜性（B1）	栖息地相似性（C1）	水文相似性（D1）	流量、水位、产卵期涨水天数、涨水持续时间、水温
			水动力相似性（D2）	流速、流速梯度、水深、水面宽度、Fr、Re、涡量
			水环境相似性（D3）	含沙量、溶解氧 DO、pH 值、磷 P、氨氮 NH_3-N、COD_{Mn}
			河流地形地貌相似性（D4）	蜿蜒度、河床比降、断面形态、浅滩-深潭
		物种相似性（C2）	土著鱼类物种相似性（D5）	土著鱼类物种数量
			特有鱼类物种相似性（D6）	特有鱼类物种数量
			重点保护鱼类物种相似性（D7）	重点保护鱼类物种数量
	保护适宜性（B2）	支流连通性（C3）	纵向连通性（D8）	纵向连通的水域千米数、纵向所有水域的总千米数
			横向连通性（D9）	横向连通的水域宽度、横向水域总宽度
		生态健康性（C4）	生物多样性（D10）	生物种类、数量
			栖息地适应性（D11）	生物适应性流速、栖息地面积
			栖息地破碎性（D12）	栖息地斑块面积、栖息地斑块数量

2.2.5　指标定义及计算方法

1. 栖息地相似性（C1）

栖息地相似性是指支流与干流在水文、水动力、水环境、河流地形地貌等栖息地特征方面的相似程度，具体可按式（2.1）计算：

$$C1=\alpha_1 D1+\alpha_2 D2+\alpha_3 D3+\alpha_4 D4 \qquad (2.1)$$

式中：$C1$ 为干支流栖息地相似性，$0 \leqslant C1 \leqslant 1$，$C1$ 计算得分越大，表明支流与干流在栖息地方面的相似程度越高；$\alpha_1 \sim \alpha_4$ 为 $D1 \sim D4$ 的权重系数。

(1) 水文相似性（$D1$）。水文情势显著影响着河流生态系统的生物过程。研究表明，低流量过程可维持合适的水温、溶解氧和水化学成分，为水生生物提供合适的栖息环境，高流量过程可使水体溶解氧升高、有机物质增加[96-97]。在鱼类产卵季节，适当的涨水过程配合一定的涨水持续时间，还将促使鱼类产卵[98]。水温是河流生态系统中直接或间接影响水生生物生命过程的重要因子。鱼类的生长、性腺发育、成熟、产卵、卵的孵化以及幼鱼的发育都离不开适宜的温度。如四大家鱼、鲫鱼、鲤鱼等最适宜生长的温度范围在 20~30℃之间，10℃以下则食欲减退，生长缓慢。鲤鱼、鲫鱼在春季水温上升到 14℃左右开始产卵，四大家鱼及其他产漂流性卵鱼类则是在水温上升到 18℃时才开始产卵[99]。

因此，支流与干流水文条件的相似性可由流量过程、水位过程、产卵期涨水天数、产卵期涨水持续时间、水温等指标来综合评价，指标的相似性计算详见相似性计算方法。

(2) 水动力相似性（$D2$）。河流的水动力特性与鱼类栖息地之间具有强烈的相关性[100]。很多研究都表明，鱼类大多数生态行为都与流速密切相关[101]。Sempeski 等调查了法国 Pollon 河和 Suran 河的河鳟（Grayling）产卵场，发现两处产卵场流速相近，表明河鳟对产卵场的流速是有选择的[87]。易伯鲁等人的研究指出，长江干流四大家鱼产卵的平均流速为 0.95~1.3m/s。对于产漂流性卵的鱼类而言，鱼卵和鱼苗还需要维持一定的流速以防止下沉死亡[81]。唐会元等人研究认为，流速小于 0.27m/s 时鱼卵开始下沉，流速小于 0.25m/s 时鱼卵大部分下沉，流速小于 0.1m/s 时，鱼卵全部下沉[102]。水深是一定水位与河道地形相互叠加的结果。水深主要在两方面影响鱼类：一方面是为底栖型鱼类提供适当的活动空间；另一方面是为沉性卵提供适当的孵化环境。研究表明，中华鲟在葛洲坝下游产卵场主要的水深分布范围为8~14m，很少发现中华鲟出现在超过19m水深的地方[82]。Moir等的研究指出，以水深、流速和弗劳德数Fr为代表的局部水动力变量越来越重要，他们认为弗劳德数Fr是一个有用的单值水力栖息地描述量，作为无量纲数它可以用来在不同的河流和鱼类之间进行比较[103]。Lamouroux等在从栖息地条件预测种群特征时指出，弗劳德数Fr和雷诺数Re等简单独立的水动力特征量能够解释水力条件、地形条件和种群结构之间的关系[104]。其他学者，如Crowder等还提出涡量、流速梯度、动能梯度等特征量可用来描述栖息地的水流复杂程度[105]。

因此，支流与干流的水动力相似性可用流速、流速梯度、水深、水面宽度、弗劳德数Fr、雷诺数Re、涡量、动能梯度等指标来综合评价。在进行干支流水动力相似性的计算分析时，需要借助水动力模型，计算相应的水动力指标，才能做进一步的相似性分析。相似性计算方法详见2.2.6节。

（3）水环境相似性（$D3$）。描述水环境质量的指标众多，可以分为物理性指标（如透明度、含沙量等）、化学性指标（如有机物指标BOD、COD、TOC等，无机物指标DO、pH值、营养盐指标NH_3-N、P、TN、TP等）、重金属指标（如铅Pb等）和生物性指标（如细菌总数、大肠杆菌群数等）。本书选取环境监测中，最常见的指标来综合分析干流和支流水环境的相似性，这些指标包括：含沙量、溶解氧DO、pH值、磷P、氨氮NH_3-N、COD_{Mn}、铅Pb。具体相似性计算方法详见2.2.6节。

（4）河流地形地貌相似性（$D4$）。流地形地貌是影响河流生物的重要因素。自然界中的大多数河流都是蜿蜒曲折的。由于河道蜿蜒，形成了主流、江心洲、河湾、浅滩-深潭等多种河流栖息地，为水生生物提供了丰富的繁衍栖息的场所。河床比降是河流流动的重要因素，河床比降是水力学中的重要指标，河床比降的大小决定了断面比能，影响着河流流速、流态。浅滩-深潭是河床最基本的微地貌，交替出现的浅滩-深潭是河流断面形态多样性的主要表现。

因此，本书选取蜿蜒度、河床比降、断面形态、浅滩-深潭等指标来综合评价干、支流河流地形地貌的相似性。具体相似性计算方法详见 2.2.6 节。

2. 物种相似性（$C2$）

物种相似性是指保护支流与受水电开发影响的干流在生物物种数量上的相似程度，具体可用式（2.2）表示：

$$C2 = \alpha_5 D5 + \alpha_6 D6 + \alpha_7 D7 + \alpha_8 D8 \tag{2.2}$$

式中：$C2$ 为干支流物种相似性，$0 \leqslant C2 \leqslant 1$，$C2$ 计算得分越大，表明支流与干流在生物物种方面的相似程度越高；$\alpha_5 \sim \alpha_7$ 为 $D5 \sim D7$ 的权重系数。

（1）土著鱼类物种相似性（$D5$）。土著鱼类是指自然分布于当地河流的本地种鱼类（非外来种）。干支流土著鱼类物种相似性是指干流中分布的土著鱼类在支流中也分布的种类数量所占比例，可用式（2.3）计算：

$$D5 = \frac{E5_{支流}}{E5_{干流}} \tag{2.3}$$

式中：$E5_{干流}$ 为干流中分布的土著鱼类种类数量；$E5_{支流}$ 为干流中分布的土著鱼类在支流中也分布的种类数量。

（2）特有鱼类物种相似性（$D6$）。特有鱼类是指自然分布于当地河流的土著鱼类中，属于长江上游特有的鱼类。干支流特有鱼类物种相似性是指干流中分布的特有鱼类在支流中也分布的种类数量所占比例，可用式（2.4）计算：

$$D6 = \frac{E6_{支流}}{E6_{干流}} \tag{2.4}$$

式中：$E6_{干流}$ 为干流中分布的特有鱼类种类数量；$E6_{支流}$ 为干流中分布的特有鱼类在支流中也分布的种类数量。

（3）重点保护鱼类物种相似性（$D7$）。重点保护鱼类是指当地河流分布的长江上游特有鱼类中，属于重点保护对象的鱼类。干支流重点保护鱼类物种相似性是指干流中分布的重点保护鱼类在支流中也分布的种类数量所占比例，可用式（2.5）计算：

$$D7=\frac{E7_{支流}}{E7_{干流}} \tag{2.5}$$

式中：$E7_{干流}$为干流中分布的重点保护鱼类物种数量；$E7_{支流}$为干流中分布的重点保护鱼类在支流中也分布的物种数量。

土著鱼类物种相似性（D5）、特有鱼类物种相似性（D6）和重点保护鱼类物种相似性（D7）三个指标之间，属于从普遍到特殊的从属关系，三个指标层层递进。

3. 支流连通性（C3）

河流连通性是河流生态系统的最基本特点，是河流生态系统保持结构稳定和发挥生态功能的重要前提和基础。河流连通性包括纵向连通性和横向连通性。

（1）纵向连通性（D8）。纵向连通性是指河流中生态元素在空间结构上的纵向联系，由于干旱缺水等自然条件引起河流断流或修筑大坝等人为因素都将影响河流的纵向连通性。纵向连通性可用河流纵向连通的水域千米数与纵向所有水域的总千米数的比值表示，具体计算公式如下：

$$D8=\frac{CL}{TL} \tag{2.6}$$

式中：D8为纵向连通性，$0 \leqslant D8 \leqslant 1$，D8越接近1表示河流的纵向连通性越好；CL为河流纵向连通的水域千米数；TL为河流纵向所有水域的总千米数。

（2）横向连通性（D9）。横向连通性是指河流在横向上与周围河岸生态系统的连通程度，直立式挡墙或混凝土护岸都将影响河流的横向连通性。横向连通性可用河流天然河岸或生态材料护岸（非硬质护砌河岸）的千米数与河岸总公里数的比值表示，具体计算公式如下：

$$D9=\frac{NL}{RL} \tag{2.7}$$

式中：D9为横向连通性，$0 \leqslant D9 \leqslant 1$，D9越接近1表示河流的横向连通性越好；NL为河流天然河岸或生态材料护岸的千米数；RL为河流河岸总千米数。

4. 生态健康性（C4）

生态健康性是指支流本身的生态系统要具有一定的健康性，才能为受干流开发影响的鱼类前往支流栖息繁殖提供必要的保障。本书中生态健康性以生物多样性、加权可用栖息地面积、栖息地破碎性指数、水质达标率等指标来综合表征。

（1）生物多样性（D10）。生态系统的生物结构组成、丰富程度是生态系统保持动态平衡和健康发展的重要因素，通常用生物多样性来反映。鱼类在河流生态系统中担负着保持生态系统生产力，维持系统平衡和稳定，加速能量和物质流动的重要使命。河流生态系统中，鱼类物种多样性越复杂，种类越多，生态系统稳定性越高，因此本书以鱼类物种的多样性来表征河流生态系统的生物多样性，具体计算采用香农-维纳多样性指数[106]：

$$H = -\sum_{i=1}^{n}(p_i \times \ln p_i) \tag{2.8}$$

其中
$$p_i = N_i/N$$

式中：p_i 为第 i 种的相对多度；n 为样品数量；N_i 为种 i 的个体数；N 为所在群落所有物种的个体数之和。

河流生物多样性 $D10$ 根据香农-维纳多样性指数 H 的计算结果进行赋分。关于河流生态系统中鱼类物种多样性的高低，目前还没有具体的分级标准，本书根据我国河流鱼类多样性的相关研究成果，将物种多样性按照从高到低的顺序划分为如下 5 个等级，见表 2.4。

表 2.4　　　　　　　生物多样性指数赋分等级

指标等级	香农-维纳多样性指数得分	总体评价	D10 得分赋值
1	>4	最佳	(0.8, 1]
2	(3, 4]	良好	(0.6, 0.8]
3	(2, 3]	一般	(0.4, 0.6]
4	(1, 2]	较差	(0.2, 0.4]
5	<1	极差	[0, 0.2)

(2) 栖息地适应性（D11）。适宜目标鱼类生存的栖息地面积、形状和数量在一定程度上反映了河流生态系统的健康性。鱼类栖息地适应性指数的概念及评价方法由美国鱼类及野生动物署在栖息地评估程序中率先提出，目前应用十分广泛。本书在鱼类栖息地适应性指数的基础上，考虑整个河流区域中适合目标鱼类的栖息地面积，计算栖息地适应性。采用栖息地适应性指数来表征河流中适合目标鱼类的栖息地面积。

$$D11 = \frac{1}{\sum_{i=1}^{N} a_i} \sum_{i=1}^{N} a_i HSI_i \tag{2.9}$$

式中：$D11$ 为栖息地适应性，$0 \leqslant D11 \leqslant 1$，$D11$ 越大，表明栖息地适应目标鱼类生存的面积越大；a_i 为计算单元 i 的面积，m^2；HSI_i 为计算单元 i 的栖息地适应性指数，$\sum_{i=1}^{N} a_i HSI_i = WUA$，为鱼类栖息地的加权可利用面积；$N$ 为计算单元数量。在计算该指标时，需要应用模糊数学方法，根据保护目标鱼类的生物需求，建立鱼类栖息地模型，以此计算栖息地适宜性。

(3) 栖息地破碎性（D12）。在河流中可能分布着众多大小不一的适应保护目标鱼类的栖息地，然而鱼类个体都有一定的活动范围，如果栖息地的面积小于鱼类最低活动范围的需求，这样的栖息地实际上是没有生态学意义的。因此，需要用有效的栖息地斑块面积来进一步表征栖息地的质量。栖息地破碎性是以有效栖息地面积作为衡量标准分析鱼类栖息地质量。在不同情景模式下，单位斑块的有效栖息地面积越小，栖息地越破碎，栖息地质量越不好。栖息地破碎性可用下式计算：

$$D12 = \frac{\sum_{i=1}^{N} p_i}{n} \tag{2.10}$$

式中：$D12$ 为栖息地破碎性，$0 \leqslant D12 \leqslant 1$，$D12$ 越小，表明适合鱼类生存的栖息地越破碎，栖息地质量越差，$D12$ 越大，表明适合鱼类生存的栖息地连通性越好，栖息地质量越好。

2.2.6 相似性计算方法

为了缓解干流水电开发的负面生态影响，寻找与干流种群结构和栖息地条件相似的支流作为保护区，探讨干流鱼类前往支流栖息和繁殖的可能性，需对干流和支流的物种和栖息地进行相似性分析。相似性分析可应用模糊相似理论进行，简要介绍如下。

2.2.6.1 相似元的定义

系统间具有共同的相似元素和相似特征，而这些特征的属性值存在一定的差异，这就在系统间构成了一个相似单元，简称为相似元。当系统 A（河流 A）中的元素 a_i 与系统 B（河流 B）中的元素 b_j 为对应的相似元素时，用相似元 $u_k(a_i,b_j)$ 描述，简记为 u_k。系统间存在 n 个相似元素，就构成 n 个相似元，用 $u_1,u_2,\cdots,u_k,\cdots,u_n$ 表示。相似元的值记为 $q(u_k)$，相似元的集合记为 $U=\{u_1,u_2,\cdots,u_k,\cdots,u_n\}$。

相似元描述的是系统间对应的相似元素，某种程度上是反映了系统间对应子系统的相似，而相似元值的大小则表明相似的程度。不同的相似元素和相似特征，可以构造不同类型的相似元。

2.2.6.2 模糊相似元的构造

系统间很多相似元素和相似特征具有模糊属性，这种带有模糊属性的相似单元称为模糊相似元。模糊相似元的构造，是通过识别系统间的相似元素，进而构造模糊相似元。识别相似元素的过程，是一种分类识别或是模式识别的过程。例如，把系统 A 中元素集合 $A(a_1,a_2,\cdots,a_i,\cdots,a_s)$ 和系统 B 中元素集合 $B(b_1,b_2,\cdots,b_j,\cdots,b_h)$ 作为样本集合，通过分析两个样本集合中元素的特征和属性、主要特征和次要特征，来识别两个系统的相似元素，构造模糊相似元。若系统间元素的特征和属性区分明显，可通过人工方式进行相似元素的识别，若系统间元素的特征和属性复杂，则可借助聚类分析、贝叶斯判别、人工神经网络等方法进行相似元素的识别。

模糊相似元的数值计算可应用模糊数学的方法，将相似程度转化为模糊数学中的隶属程度,则模糊相似元的值域可用区间表示为[0,1],0 表示相异,1 表示相同,0 和 1 之间的范围表示相似的程度。

2.2.6.3 模糊相似元的分类及其计算方法

1. 恒定型相似元

系统间相似元素的特征属性随时间变化较不明显或变化缓慢,在较长一段时间内可视为恒定量,如河道蜿蜒度、底坡、河宽、底质等元素,其构成的相似单元为恒定型相似元。

设系统 A 中的元素 a_i 和系统 B 中的元素 b_j 为对应的相似元素,组成第 k 个相似元,模糊相似元的大小 $q(u_k)$ 可用相似元素特征值比例的加权和表征。特征值比例、相似元的具体计算公式如下:

$$r_l(a_i/b_j) = \frac{\min[y_l(a_i), y_l(b_j)]}{\max[y_l(a_i), y_l(b_j)]} \tag{2.11}$$

式中:$y_l(a_i)$、$y_l(b_j)$ 分别为标准化后元素 a_i 和元素 b_j 的第 l 个特征的特征值;$r_l(a_i/b_j)$ 为元素 a_i 和元素 b_j 的第 l 个特征的比值大小,简记为 r_l,为了使特征值比例及相似元的值域在 [0,1] 之间,规定特征值的较小值为分子,较大值为分母。

$$q(u_k) = d_1 r_1 + d_2 r_2 + \cdots + d_m r_m = \sum_{l=1}^{m} d_l r_l \tag{2.12}$$

式中:$q(u_k)$ 为第 k 个相似元的值,$0 \leqslant q(u_k) \leqslant 1$;$d_l$ 为各特征的权重,$0 \leqslant d_l \leqslant 1$,$\sum_{l=1}^{m} d_l = 1$。

2. 时间型相似元

系统间相似元素具有时间序列的特征属性,如径流量、水位、雨量、水温等元素,其构成的相似单元为时间型相似元。

一个具有时间序列的元素特征属性可用分段线性的方式表示,如图 2.1 所示,其一般形式如下:

$$Y = \{(y_1, y_2, t_2), \cdots, (y_{i-1}, y_i, t_i), \cdots, (y_{n-1}, y_n, t_n)\} \tag{2.13}$$

式中:y_{i-1}、y_i 分别为第 $i-1$ 段直线的起始值和终点值;t_i 为第 $i-1$ 段直线结束的时刻;n 为时间序列 Y 的分段数目。

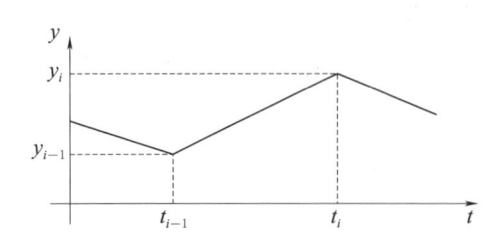

第2章 鱼类栖息地保护效果评价技术与应用

图2.1 时间序列的分段线性表示

时间序列的变化趋势，如分段直线的上升、保持和下降，可用斜率表示，即时间序列 Y 可以表示为具有一定斜率的线段集合。因此，定义时间序列的斜率集如式（2.14）所示：

$$Y = \{(k_1, t_2), \cdots, (k_{i-1}, t_i), \cdots, (k_{n-1}, t_n)\} \quad (2.14)$$

式中：$k_{i-1} = (y_i - y_{i-1})/(t_i - t_{i-1})$ 为第 $i-1$ 段直线的斜率；t_i 为第 $i-1$ 段直线的结束时间。

由于斜率的值域范围为 $(-\infty, +\infty)$，属于无界函数，基于斜率距离[9]表示的时间序列相似性难以衡量相似的具体程度，因此，本书提出了基于斜率角的时间序列相似性度量方法。

时间序列用斜率角的方式可表示为

$$Y = \{(\alpha_1, t_2), \cdots, (\alpha_{i-1}, t_i), \cdots, (\alpha_{n-1}, t_n)\} \quad (2.15)$$

式中：$\alpha_{i-1} = \arctan(k_{i-1})$ 为第 $i-1$ 段直线的斜率角，$\alpha_{i-1} \in [-\pi/2, \pi/2]$。

一般情况下，两个时间序列在线性分段后各端点对应的时刻不完全一致，对应的每段直线长度也不尽相同，因此在进行时间序列的相似性分析前，需对斜率角度集进行时刻对等剖分。设两个时间序列

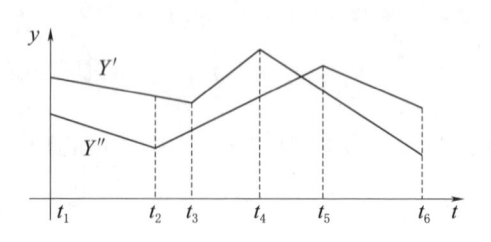

图2.2 时间序列时刻对等示意图

$Y' = \{(\alpha'_1, t_3), (\alpha'_2, t_4), (\alpha'_3, t_6)\}$，$Y'' = \{(\alpha''_1, t_2), (\alpha''_2, t_5), (\alpha''_3, t_6)\}$，如图2.2所示，进行时刻对等剖分后，两个时间序列可改写为

$$Y' = \{(\alpha'_1, t_2), (\alpha'_1, t_3), (\alpha'_2, t_4), (\alpha'_3, t_5), (\alpha'_3, t_6)\}$$

$$Y'' = \{(\alpha''_1, t_2), (\alpha''_2, t_3), (\alpha''_2, t_4), (\alpha''_2, t_5), (\alpha''_3, t_6)\}$$

为了定量衡量具有时间序列特征属性的元素相似程度，借鉴空间距离的概念，定义斜率角距离。设 Y' 和 Y'' 表示时刻对等、以斜

率角度集表示的时间序列：

$$Y' = \{(\alpha'_1, t_2), \cdots, (\alpha'_{i-1}, t_i), \cdots, (\alpha'_{n-1}, t_n)\}$$
$$Y'' = \{(\alpha''_1, t_2), \cdots, (\alpha''_{i-1}, t_i), \cdots, (\alpha''_{n-1}, t_n)\}$$

Y' 和 Y'' 的斜率角距离可定义为

$$D(Y', Y'') = \frac{\sum_{i=1}^{n-1} |\alpha'_i - \alpha''_i|}{(n-1)\pi} \tag{2.16}$$

式中：斜率角距离 $D(Y', Y'') \in [0, 1]$。

由时间序列 Y' 和 Y'' 所组成的相似元，其数值大小可用下式计算：

$$q(u_k) = 1 - D(Y', Y'') = 1 - \frac{\sum_{i=1}^{n-1} |\alpha'_i - \alpha''_i|}{(n-1)\pi} \tag{2.17}$$

2.2.6.4 相似性搜索方法

对于时间型相似元，若两个时间序列的元素特征曲线变化趋势相同，但曲线之间存在相位差，则仍然认为这两个时间序列是相似的。例如，一条河流在一次洪水过程中，若上下游之间无旁侧入流，且不考虑洪峰削减，则可以认为上下游的流量曲线是近似相同的，但下游的洪峰到达时间比上游的洪峰到达时间有所滞后，这就是典型的水文迟滞现象。然而，常规的相似元计算方法仅是通过对比每个相同时刻下两个时间序列的特征值相似性，继而计算出相似元值并判断相似程度。但是常规方法计算而得的相似性结果，无法识别隐藏在两个时间序列中的错位相似规律。因此，有必要在两个时间序列中进行相似性搜索，并计算其相似元值，从而挖掘其中的最相似区段和平移时间。

设 Y' 和 Y'' 表示两个经时刻对等处理后以斜率角集表示的时间序列：

$$Y' = \{(\alpha'_1, t_2), \cdots, (\alpha'_{i-1}, t_i), \cdots, (\alpha'_{n-1}, t_n)\}$$
$$Y'' = \{(\alpha''_1, t_2), \cdots, (\alpha''_{i-1}, t_i), \cdots, (\alpha''_{n-1}, t_n)\}$$

通过两个序列在时间上的逐步平移，分别计算其相似元值，继而搜索相似性最高的区段及相应的平移时间，相似性搜索如图2.3所示。

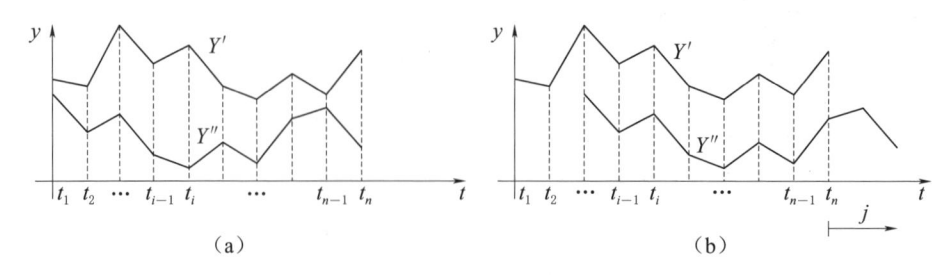

图 2.3 相似性搜索示意图

假设序列 Y' 和 Y'' 具有相等的时间间隔 $\Delta t = t_i - t_{i-1}$，若 Y'' 平移 $|j|$ 个时间间隔（j 向右为正，向左为负），则此时两序列在时间上重叠的曲线线段减少至 $n-1-|j|$ 段。

$j>0$ 时，重叠部分用斜率角集可表示为

$$Y' = \{(\alpha'_{1+j}, t_{2+j}), \cdots, (\alpha'_{i-1}, t_i), \cdots, (\alpha'_{n-1}, t_n)\}$$

$$Y'' = \{(\alpha''_1, t_2), \cdots, (\alpha''_{i-1-j}, t_{i-j}), \cdots, (\alpha''_{n-1-j}, t_{n-j})\}$$

$j<0$ 时，重叠部分用斜率角集可表示为

$$Y' = \{(\alpha'_1, t_2), \cdots, (\alpha'_{i-1-|j|}, t_{i-|j|}), \cdots, (\alpha'_{n-1-|j|}, t_{n-|j|})\}$$

$$Y'' = \{(\alpha''_{1+|j|}, t_2), \cdots, (\alpha''_{i-1}, t_i), \cdots, (\alpha''_{n-1}, t_n)\}$$

平移后，两时间序列的相似元值可用下式计算：

$$q(u_k) = 1 - D(Y', Y'') = \begin{cases} 1 - \dfrac{\sum\limits_{i=1}^{n-1-j} |\alpha'_{i+j} - \alpha''_i|}{(n-1-j)\pi}, & j>0 \\ 1 - \dfrac{\sum\limits_{i=1}^{n-1-|j|} |\alpha'_i - \alpha''_{i+|j|}|}{(n-1-|j|)\pi}, & j<0 \end{cases}$$

(2.18)

给定一个平移的阈值 $\varepsilon \geqslant 0$，在 $|j| \leqslant \varepsilon$ 范围内，固定序列 Y'，平移序列 Y''，经过逐步平移并计算相似元值，搜索相似元值达到最大时的时间区段即为最相似区段，记录相应的平移时间和最大相似元值。

2.2.6.5 相似性搜索原则

相似性搜索时，应遵循平移阈值合理、关键元素优先等原则，

否则其搜索结果不能较好代表对比序列的相似性。

（1）平移阈值合理。平移阈值决定了相似性搜索的范围太大，则重叠的曲线线段太少，少数曲线线段的相似性不足以代表两个时间序列曲线的相似性太小，则搜索范围太小，最大的相似元值和对应的最相似区段不一定被涵盖在搜索范围内。因此，合理的平移阈值，将直接影响搜索结果。一般情况下，平移阈值的上限应不超过整个时间序列的1/4，即重叠的曲线序列应不低于整个序列的3/4，具体的平移阈值还需根据实际情况拟定。

（2）关键元素优先。在相似性分析和相似性搜索过程中，若两个系统间存在两个以上的时间型相似元素时，应遵循关键元素优先搜索的原则，并以关键元素的最相似区间和平移时间，计算和确定其他元素在相应相似区间和平移时间下的相似元值。例如，在分析两河流系统的鱼类栖息地相似性时，温度、流量、水位等元素中，温度是关键元素，因此应对温度时间序列优先进行相似性搜索，找到最大相似元值对应的相似区间和平移时间，并以此时间区段计算其他元素的相似元值。

2.2.6.6 相似等级划分

根据计算的系统相似性指数将河流系统的相似程度划分为四个等级，分别为高度相似、基本相似、一般相似和不相似，具体系统相似度指数的分级区间和等级含义见表2.5。相似元值也可以参考系统相似度的分级标准，相似元值越大，表明两个系统相似元素的相似程度越高。

表2.5　　　　　　　相似等级划分

系统相似度指数	相似等级	含　　义
[0.8，1]	高度相似	干支流生物群落的物种相似性高，栖息地条件的相似性高
[0.5，0.8)	基本相似	干支流生物群落的物种和栖息地条件基本相似
[0.2，0.5)	一般相似	干支流生物群落的物种和栖息地条件大体相似
[0，0.2)	不相似	干支流生物群落的物种和栖息地条件基本不相似

2.2.7 指标权重计算方法

在可行性分析/适宜性评价过程中，需要对不同的指标赋予不同的权重值来反映指标的相对重要程度，以保证评价结果的准确性和有效性。本书指标权重的计算采用层次分析法、专家打分熵权法和综合权重法三种方法。层次分析法是根据影响河流栖息地保护的一些客观规律来给指标赋权的方法。该方法因考虑了指标真实数据的不同对评价结果的影响，而使待评对象特征与评价结果总体一致，但是，由于不同支流均有自身的特殊性，因此，各指标的权重应体现具体河流的特点，这种特殊性需通过当地专家或管理者的打分确定。专家打分熵权法是由评价专家或管理人员根据各项指标的重要程度赋权的方法。该方法的赋权基础是基于评价专家对待评支流各项指标重要性的主观认识，因此不可避免带有一定程度的主观随意性。为了考虑待评支流的特殊性，又克服专家的主观影响，指标权重计算采用层次分析法（客观赋权）。

2.2.7.1 层次分析法

层次分析法是一种行之有效的评价分析方法和确定权重系数方法。它把支流替代栖息地复杂问题中的各种指标因素通过划分相互联系的层次，使之条理化、有序化，根据对客观实际的判断，将下一层次的各因素通过相对于上一层次的各因素进行两两比较判断，构造判断矩阵，通过判断矩阵的计算，进行层次单排序和一致性检验，最后进行层次总排序，得到各因素的组合权重，进而最终计算支流替代栖息地的可行性指数和适宜性指数。各指标和子目标的客观权重系数用层次分析法确定，详细计算流程如下：

（1）层次结构搭建。基于各指标的属性，划分指标体系的层次结构。

（2）判断矩阵构造。基于层次结构，对同一层级各项指标进行两两对比确定其重要度，并采用1~9的标度法，标记其重要度，构造判断矩阵（表2.6）。数字越大表示前者相对于后者的重要度越高，后者相对于前者的重要度以该数字的倒数表示。

表 2.6　　　　　　　　判 定 标 度 及 其 含 义

标度	含　义
1	两项指标对比同等重要
3	两项指标对比前者较为重要
5	两项指标对比前者更为重要
7	两项指标对比前者非常重要
9	两项指标对比前者绝对重要
2，4，6，8	为上述两级判断间的中间值
1，1/2，…，1/9	若指标 i 相对 j 的重要度为 c_{ij}，则指标 j 相对于 i 的重要度为 $1/c_{ij}$

（3）权重向量计算。计算判断矩阵的权重向量，步骤如下：

1）计算判断矩阵每行元素的乘积：

$$M_i = \prod_{j=1}^{n} c_{ij}, (i,j=1,2,\cdots,n) \quad (2.19)$$

2）计算 M_i 的 n 次方根 w_i：

$$w_i = \sqrt[n]{M_i} \quad (2.20)$$

3）归一化特征向量，得到判断矩阵的权重向量 $W' = (w'_1, w'_2, \cdots, w'_n)^T$：

$$w'_i = w_i / \sum_{j=1}^{n} w_j \quad (2.21)$$

（4）一致性检验。为检验判断矩阵在逻辑上的合理性和权重向量的可信度，需进行一致性检验。检验流程如下：

1）计算判断矩阵 A 的最大特征根 λ_{max}：

$$\lambda_{max} = \sum_{i=1}^{n} \frac{(AW')_i}{nw'_i} \quad (2.22)$$

2）计算一致性指标 CI：

$$CI = \frac{\lambda_{max} - n}{n-1} \quad (2.23)$$

3）计算一致性比率 CR：

$$CR = \frac{CI}{RI} \quad (2.24)$$

式中：RI 为平均一致性指标，RI 取值如表 2.7 所示。

表 2.7　平均一致性指标 RI 对应不同矩阵阶数的取值

矩阵阶数 n	1	2	3	4	5	6	7	8	9
RI	0	0	0.58	0.89	1.12	1.24	1.32	1.41	1.45

计算得到一致性比率 CR 后,将之与 0.1 对比,若小于 0.1,表示通过一致性检验,否则需重新调整权重系数,直至通过一致性检验。

2.2.7.2　专家打分熵权法

专家打分熵权法首先通过专家填写打分表,再对专家主观赋值进行客观化分析和处理,将主观判断与客观计算相结合,增强权重的可信度,能对指标的重要程度进行较客观的确定。熵权法是一种在综合考虑各因素所提供信息量的基础上,计算一个综合指标的数学方法。它主要根据各指标传递给决策者的信息量大小来确定其权重系数。熵原本是一个热力学概念,现已在工程技术、社会经济等领域得到广泛应用。根据信息论基本原理,信息是系统有序程度的度量,而熵则是系统无序程度的度量。信息量越大,不确定性越小,熵也越小,权值应越大;反之,信息量越小,不确定性越大,熵也越大,权值应越小。

设 m 个评分人,n 个评价指标,x_{ij} 是评分人 i 对指标 j 的打分,x_j^* 是评价指标 j 的最高分。对于收益性指标,x_j^* 越大越好;对于损益性指标,x_j^* 越小越好。根据指标的特征,x_{ij} 与 x_j^* 之比称为 x_{ij} 对于 x_j^* 的接近度,记为 d_{ij} 表示。

$$d_{ij} = \begin{cases} \dfrac{x_{ij}}{x_j^*}, & \text{当 } x_{ij} \text{ 为收益性指标时} \\ \dfrac{x_j^*}{x_{ij}}, & \text{当 } x_{ij} \text{ 为损益性指标时} \end{cases} \quad (2.25)$$

根据熵的定义,m 个评分人,n 个评价指标的熵为

$$E = -\sum_{j=1}^{n}\sum_{i=1}^{m} d_{ij}\ln d_{ij} \quad (2.26)$$

第 j 个评价指标的相对重要程度的不确定性由下列条件熵确定:

$$E_j = -\sum_{i=1}^{m} \frac{d_{ij}}{d_j} \ln \frac{d_{ij}}{d_j} \tag{2.27}$$

式中：$d_j = \sum_{i=1}^{m} d_{ij}$，$(i=1,2,\cdots,m;j=1,2,\cdots,n)$。

由熵的极值可知，当各个 d_{ij}/d_j 均趋于某一固定值 p 时，记为 $d_{ij}/d_j \to p$，即各个 d_{ij}/d_j 均相等时，条件熵就越大，从而评价指标的不确定性也就越大。当 $d_{ij}/d_j = 1$ 时，条件熵达到最大 $E_{\max}$，$E_{\max} = \ln m$。用 $E_{\max}$ 对条件熵 E_j 进行归一化处理，则评价指标 j 的评价决策重要性的熵为：

$$e_j = E_j/E_{\max} = -\frac{1}{\ln m} \sum_{i=1}^{m} \frac{d_{ij}}{d_j} \ln \frac{d_{ij}}{d_j} \tag{2.28}$$

则第 j 个评价指标的权重 Q_j 为

$$Q_j = \frac{1-e_j}{n-E_c} \tag{2.29}$$

式中：$E_c = \sum_{j=1}^{n} e_j$，$0 \leqslant Q_j \leqslant 1$，$\sum_{j=1}^{n} Q_j = 1$。

2.2.7.3 综合权重法

综合考虑层次分析法与专家打分熵权法，在主观权重系数与客观权重系数确定的基础上，计算各指标的综合权重，其计算公式为

$$W_j = \frac{w'_j Q_j}{\sum_{j=1}^{n} w'_j Q_j}, (j=1,2,\cdots,n) \tag{2.30}$$

2.2.8 适宜性评价流程

河流栖息地的适宜性评价是利用适宜性指数来判断河流栖息地的适宜性。分析评价的过程中，首先要根据河流栖息地保护的影响因素，分析决定适宜性的关键因素，建立评价指标体系，再根据层次分析法计算适宜性指数，最终判定某一河流栖息地的适宜性等级状态，具体评价流程如图 2.4 所示。

（1）适宜性等级划分。根据河流栖息地保护的概念、内涵，划定适宜性的等级。

```
┌─────────────────────┐
│   适宜性等级划分    │
└──────────┬──────────┘
           │
┌──────────▼──────────┐
│  建立适宜性指标体系 │
└──────────┬──────────┘
           │
┌──────────▼──────────┐
│  确定各指标阈值范围 │
└──────────┬──────────┘
           │
┌──────────▼──────────┐
│  建立适宜性计算模型 │
└──────────┬──────────┘
           │
┌──────────▼──────────────┐
│     计算适宜性指数       │
│判定河流生境(替代生境)的  │
│    适宜性等级状态        │
└─────────────────────────┘
```

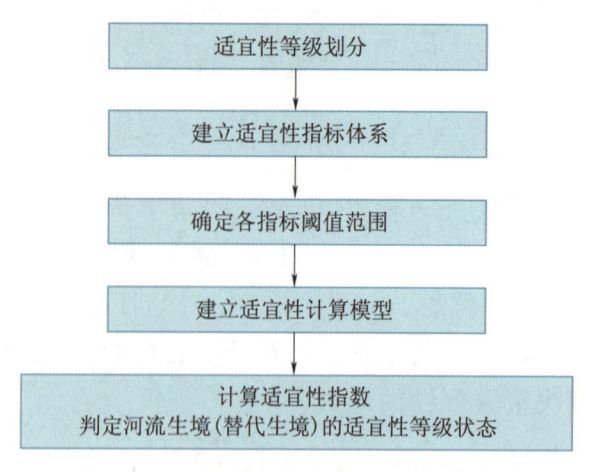

图 2.4　河流栖息地保护的适宜性评价流程图

（2）建立适宜性指标体系。在全面调研的基础上，分析河流栖息地保护的影响因素，从中筛选出关键因子，建立河流栖息地的适宜性指标体系。

（3）确定各指标阈值范围。参照相关标准、规范，借鉴相关研究成果，划定各指标的阈值范围。

（4）建立适宜性计算模型。根据适宜性指标体系的结构特征，建立目标层、准则层、子目标层和各指标之间的层次计算方法。

（5）计算适宜性指数，判定河流栖息地的适宜性等级状态。应用适宜性计算模型，计算各层次指标值，确定适宜性指数，最终判定河流栖息地的适宜性等级。

2.3　澜沧江下游南腊河栖息地保护适宜性分析

2.3.1　栖息地调查和栖息地现状分析

2.3.1.1　调查河段及采样断面分布

研究团队于丰水期（6月24—28日）、枯水期（11月25—28日），开展了两次针对澜沧江中下游及重要支流南腊河的栖息地调查，栖息地调查内容包括：水质、流场、地形、河岸带植被状况等。澜沧江下游干流的调查区域为景洪电站-南腊河汇合口江段，共计104km，布设采样点3个，每个采样点各采集1个断面数据；南腊河调查区域为大沙坝水库-南腊河汇合口江段，共计116km，布设采样点7个，共计采集40个断面数据。调查区域采样河段分布如图2.5所示。具体调查点位、采样断面和采集数据类型信息详见表2.8。

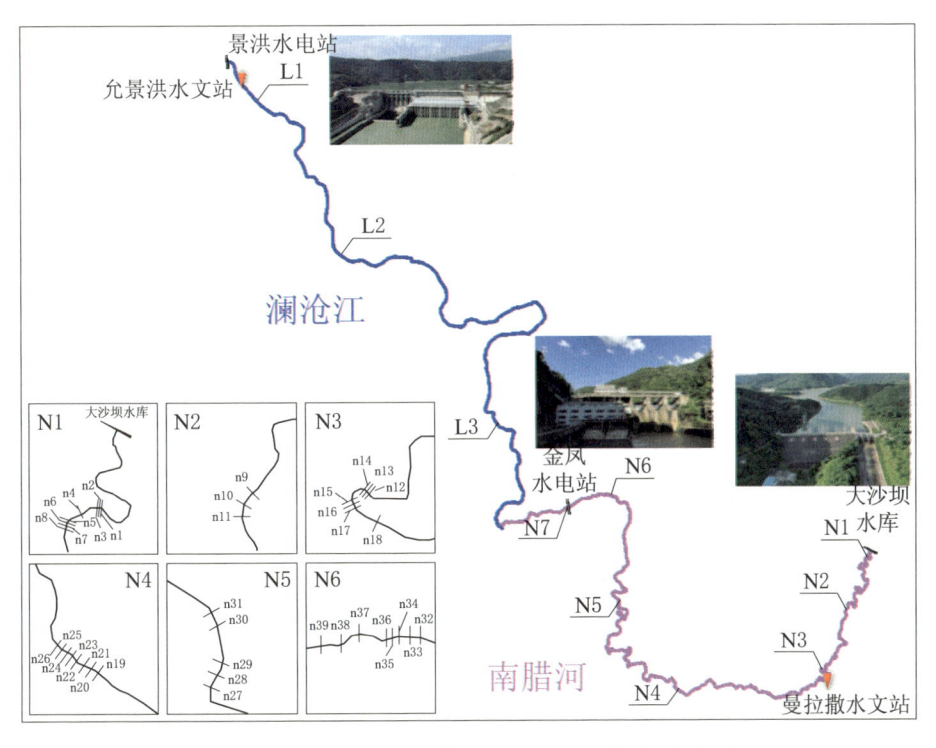

图2.5 澜沧江和南腊河采样河段分布示意图

表2.8 澜沧江-南腊河调查采样点、采样断面统计表

河流	调查河段	采样断面	采 集 数 据	备注
澜沧江	L1	l1	水质、河岸带	景洪大桥下
	L2	l2	水质、河岸带	橄榄坝渡口
	L3	l3	水质、河岸带	关累港口
南腊河	N1	n1~n7	地形、流场	
		n8	地形、流场、水质、河岸带	

续表

河流	调查河段	采样断面	采集数据	备注
南腊河	N2	n9	地形、流场、水质、河岸带	
		n10～n11	地形、流场	
	N3	n12～n15	地形、流场	
		n16	地形、流场、水质、河岸带	曼拉撒水文站
		n17～n18	地形、流场	
	N4	n19	地形、流场、水质、河岸带	
		n20～n26	地形、流场	
	N5	n27	地形、流场、水质、河岸带	景坎村
		n28～n31	地形、流场	
	N6	n32	地形、流场、水质、河岸带	
		n33～n39	地形、流场	
	N7	n40	水质、河岸带	金凤电站下游

水质测量采用 BANTE900P 便携式多参数水质测量仪，测量参数包括水温、电导率、溶解氧含量、pH 值。地形和流场测量系统由走航式声学多普勒流速剖面仪（ADCP）、华测 T80 GNSS 型 GPS 定位系统，以及 ADCP 测量软件 WinRiver、海洋测量导航软件 HaiDa 等辅助软件组成。河岸带调查采用踏查法，在南腊河上、中、下游选择代表性样区，每个样区可根据情况选择 50m 或更长距离的样带（线），记录每个样带内的植被类型、优势物种、灌木、乔木、草本物种分布特征，地方特有种和国家级保护种的数量，生态威胁下陆生植被完整性结构变化，周边环境的水土流失和污染情况等。

2.3.1.2 水质现状分析

从表 2.9 中可以看出，6 月澜沧江景洪断面（采样点：L1）的水温为 24.4℃，景洪下游的橄榄坝渡口断面（采样点：L2）的水温为 22.43℃、关累港口断面（采样点：L3）的水温为 22.47℃，相比之下，景洪断面的水温高于下游的橄榄坝渡口断面和关累港口断面，水温较高的原因可能是景洪断面位于景洪市内，受城市热岛效应影响，该区域气温较高，水温也相应较高。景洪断面（采样点：L1）的电导率为 460.33μS/cm、橄榄坝渡口断面（采样点：L2）的电导率为 402.00μS/cm，关累港口断面（采样点：L3）的电导率为 410.67μS/cm，相较之下，景洪断面的电导率高于橄榄坝渡口断面和关累断面。溶解氧方面，则是景洪断面的溶解氧浓度最低，关累港口断面的溶解氧浓度最高。景洪断面电导率较高和溶解氧浓度较低的原因可能是景洪断面位于景洪市内，受城市影响，水质略差。其 pH 值，这 3 个断面没有明显区别，pH 值的范围均在 7.5 左右。11 月，澜沧江干流的水温情况与 6 月基本相同，水温无明显下降；电导率和溶解氧含量方面，则较 6 月大幅下降；pH 值则较 6 月有所上升。

表 2.9　　　　　　　澜沧江-南腊河水质测量结果

河流	采样点	水温/°C 6月	水温/°C 11月	电导率/(μS/cm) 6月	电导率/(μS/cm) 11月	溶解氧含量/(mg/L) 6月	溶解氧含量/(mg/L) 11月	pH 值 6月	pH 值 11月
澜沧江	L1	24.40	24.00	460.33	260.33	9.00	6.67	7.69	8.14
澜沧江	L2	22.43	22.90	402.00	260.00	9.71	6.97	7.52	7.96
澜沧江	L3	22.47	22.53	410.67	258.33	10.20	7.22	7.96	8.13
南腊河	N1	26.10	25.20	308.00	325.67	8.40	6.65	7.72	8.10
南腊河	N2	26.60	—	341.00	—	8.24	—	7.88	—
南腊河	N3	26.20	25.00	365.00	328.33	8.27	8.57	7.17	8.52
南腊河	N4	26.33	22.53	337.33	341.67	8.05	8.16	7.76	8.07
南腊河	N5	28.60	22.63	397.67	385.33	5.76	7.13	7.94	8.21
南腊河	N6	28.83	25.17	370.67	321.67	7.08	6.64	7.99	8.02
南腊河	N7	29.10	24.43	305.67	316.67	7.27	7.14	7.71	8.15

注　受人类活动影响，点"N2"附近岸边地形变化，在 11 月的工作中未能找到合适的位置测量。

6 月，南腊河大沙坝水库-南腊河汇合口江段的上中游（N1～N4 采样点）的水温较低，维持在 26℃左右，下游（N5～N7 采样点）的水温较高，水温在 28~29℃ 之间，支流南腊河的水温整体比干流澜沧江的水温高。电导率方面，南腊河的 7 个采样点间电导率维持在 305.67~397.67μS/cm 水平，较澜沧江干流略低。溶解氧含量方面，南腊河的 7 个采样点间溶解氧含量在 5.76~8.40mg/L 水平，大多处于 7~8mg/L，较澜沧江干流略低。其 pH 值，南腊河的 pH 值在 7.17~7.99 之间，与澜沧江干流无明显区别。11 月，南腊河水温比 6 月下降 3~5℃，pH 值较 6 月偏高，电导率和溶解氧方面则变化不大。

整体而言，澜沧江干流和南腊河共计 10 个采样点的水质均处于较优水平。相较而言，澜沧江干流在 6 月水温比支流南腊河低，在 11 月水温则比南腊河高，6 月电导率和溶解氧含量干流比支流高，11 月电导率和溶解氧含量干流比支流低，溶解氧含量较高，其 pH 值干支流无明显区别，11 月 pH 值整体比 6 月高。

2.3.1.3 地形流场现状分析

（1）南腊河调查河段 N1。南腊河调查河段 N1 位于南腊河大沙坝水库下游 1800~2300m 位置，测量河段 N1 内设置了 8 个测量断面（断面 n1~n8）。测量结果显示，该河段断面水深整体较浅，各断面最大水深在 1.8~5.3m 之间，属于浅滩河段，由于水深相对较浅，除去 ADCP 表层 0.6m 和底层 0.2m 的盲区，有效的流场测量范围很小，流场测量效果欠佳。该河段大多数流速在 0.8~1.8m/s 区间，个别流速大于 3m/s 可能是由于测量冲锋舟扰动引起。

（2）南腊河调查河段 N2。南腊河调查河段 N2 位于勐腊镇上游 1400~1800m 位置，测量河段 N2 内设置了 3 个测量断面（断面 n9~n11），该河段断面水深整体较浅，各断面最大水深在 1.3~2.6m 之间，属于浅滩河段，由于水深相对较浅，除去 ADCP 表层 0.6m 和底层 0.2m 的盲区，有效的流场测量范围很小，流场测量效果欠佳。该河段大多数流速在 0.6~1.8m/s 区间，个别流速大于 3m/s 可能是由于测量冲锋舟扰动引起。

（3）南腊河调查河段 N3。南腊河调查河段 N3 位于勐腊县下游

4000～5000m 位置，测量河段 N3 内设置了 7 个测量断面（断面 n12～n18），其中断面 n16 为曼拉撒水文站水文测量断面，该测量河段处于南腊河中游一处急弯段，n12、n15 和 n18 断面水深相对较浅，断面最大水深在 1.4～1.8m 之间，n13、n14、n16、n17 断面水深相对较深，断面最大水深在 4.2～5.6m 之间。该河段属浅滩-深潭交替河段，断面流速大多处于 0.8～2.0m/s 区间。

（4）南腊河调查河段 N4。南腊河调查河段 N4 位于勐捧镇勐哈村上游 6000～6600m 位置，测量河段 N4 内设置了 8 个测量断面（断面 n19～n26），该测量河段处于南腊河中游一处顺直段，其中 n19、n20、n21 和 n22 断面水深相对较浅，断面最大水深在 1.8～2.7m 之间，n23、n24、n25、n26 断面水深相对较深，断面最大水深在 4.0～6.2m 之间。该河段属浅滩-深潭交替河段，断面流速大多处于 0.8～2.0m/s 区间。

（5）南腊河调查河段 N5。南腊河调查河段 N5 位于勐捧镇下游 11.2～12.5km 位置，测量河段 N5 内设置了 5 个测量断面（断面 n27～n31），该测量河段处于南腊河下游一处微弯河段。其中，n28、n30 断面水深相对较浅，断面最大水深在 2.3～2.8m 之间，n27、n29、n31 断面水深相对较深，断面最大水深在 5.2～4.7m 之间。该河段属浅滩-深潭交替河段，断面流速大多处于 0.8～2.0m/s 区间。

（6）南腊河调查河段 N6。南腊河调查河段 N6 位于金凤电站上游 3800～6300m 位置，测量河段 N6 内设置了 8 个测量断面（断面 n32～n39），该测量河段处于南腊河下游一处微弯河段，该河段断面水深相对较深，断面最大水深在 7.0～11.2m 之间。该河段属金凤电站的库区范围，断面流速大多处于 0.5～1.5m/s 区间，流速较之前河段有所降低。

2.3.1.4 河岸带现状分析

（1）L1-1 断面河岸带情况澜沧江。L1-1 断面位于澜沧江景洪大桥位置，属于平原区，河床为石质河床，河面宽阔，水流较缓，水质清澈。河流靠近两侧地形较缓，接近城镇，河岸带人类干扰强度较大。河流边滩以裸露鹅卵石、裸土和草本植物为主，植被覆盖度为30%，河滩以上有居民区。河滩主要物种有绿豆、鸭跖草、三棱草。该河段地形平坦受人类干扰强，河滩和河岸裸地面积较大。河岸有建筑工地，丰水期有水土流失风险；河岸人类活动强度大，应控制污染物的入河量，保持水质。L1-1断面河岸带调查如图2.6所示。

(a) L1-1断面左岸　　　　　　　　(b) L1-1断面右岸

图2.6　L1-1断面河岸带调查图

(2) L2-1断面河岸带情况澜沧江。L2-1断面位于澜沧江橄榄坝渡口，属于低山区，河床为砂质河床，水面宽阔，水流较缓，水体清澈。两岸河滩坡度较缓，土地利用以硬化水泥路面、裸露河滩、人工林等为主，人工干扰强度大。河滩植被盖度约为40%，物种以牛鞭草等禾本科植物为主。河岸以上种植有含羞树等乔木。该河段两岸地形较缓，植被稀疏，土壤流失风险大，河岸带植被对污染物的拦截作用有限。L2-1断面河岸带断面调查如图2.7所示。

(3) L3-1断面河岸带情况。L3-1断面位于澜沧江关累港口，河床为山区河流石质河床，水面窄水流快，水质浑浊。左侧为陡峭石山，山上长有茂密乔木，河流消落带为裸露岩石，无植被生长。右侧为建设施工地，地表为裸石或裸土，无植被生长。该河段左岸受人类干扰较小，多为人工植被，水土流失风险较小；右岸施工裸露地表在降雨量较大时容易造成泥沙入河，从而增加水土流失风险。L3-1断面河岸带调查如图2.8所示。

(4) N1-1断面河岸带情况。N1-1断面位于南腊河上游，山

(a) L2-1断面左岸　　　　　　　　(b) L2-1断面右岸

图2.7　L2-1断面河岸带断面调查图

(a) L3-1断面左岸　　　　　　　　(b) L3-1断面右岸

图2.8　L3-1断面河岸带调查图

区河流，石质边界，水流速度较大。两侧山坡多种植橡胶林，林下几乎无植被，物种单一。枯水期河流左岸水面以上植被构成为裸岩带，植被构成为草本带-灌木带-人工橡胶林带；右岸靠近水面无裸岩带，植被构成为草本带-灌木带-人工橡胶林带。草本主要物种为芦苇、荻。河岸地区草本带地表植被盖度可达100%，对污染物和营养盐具有一定吸收和拦截作用。但河岸带以上人工橡胶林地表裸露，容易形成水土流失，造成河水污染。N1-1断面河岸带调查如图2.9所示。

(5) N2-1断面河岸带情况。N2-1断面位于冲积平原区域，砂质河床，过水断面较大，水流较缓，水面有大藻、凤眼莲等。两侧地形平坦，接近居住区，河岸带人类干扰强度大，河岸带植被覆

(a) N1-1断面左岸　　　　　　　　　　　(b) N1-1断面右岸

图 2.9　N1-1 断面河岸带调查图

盖度约为 50%。枯水期部分河床裸露，边滩植被主要为禾本科，边滩外河岸种植有玉米、香蕉、豆类等农作物，靠近河岸植被以人工橡胶林和竹林等人工植被为主。在丰水期，虽然地形平坦土壤侵蚀较小，但河岸带施肥、翻土等活动可能造成营养元素通过入渗作用汇入河流，而岸边带自然植被较窄，截流能力有限，容易引起河流营养元素含量升高。N2-1 断面河岸带调查如图 2.10 所示。

(a) N2-1断面左岸　　　　　　　　　　　(b) N2-1断面右岸

图 2.10　N2-1 断面河岸带调查图

(6) N3-1 断面河岸带情况。N3-1 断面位于低山区，砂质河床，流速稍大，水面无浮游植物。河流左岸地形坡度大，植被以自然植被为主，地表草本植物覆盖度为 90%，优势种为荻、芦苇等禾本科植物，偶有乔木出现；河岸外地形平坦，为人工橡胶林，林下植被稀疏。人工橡胶林地形平坦，地表土壤坚实不易形成水土流失；地形坡度较大河岸地表植被覆盖度大不易形成水土流失且对径流和径流中的营养物质与污染物具有一定截留作用，从而形成河流水环境保护的一道屏障。河流右岸设置有水文站，河岸地形坡度大，多为玉米、竹林等人工植被，偶有自然草本，植被覆盖度约为 60%。农田有明显耕作痕迹，地表以松散裸土为主，地形与植被因素决定该区域雨季水土流失较为严重，水土直接入河。N3-1 断面河岸带调查如图 2.11 所示。

（a）N3-1 断面左岸　　　　　　（b）N3-1 断面右岸

图 2.11　N3-1 断面河岸带调查图

（7）N4-1 断面河岸带情况。N4-1 断面位于低山区，河岸地形坡度大，砂质河床，河流含沙量大，水面无浮游植物。两岸受人类干扰强度大，左岸有村庄，右岸靠近道路。左岸植被异质性较大，竹林、农田、橡胶林和次生草本、林地交替分布，植被覆盖度约为 70%，地表有部分松散裸土。河流右岸以次生草本为主，如葎草、五节芒、鸭跖草、苋菜和藿香蓟等，间或有白饭树等灌木出现，植被覆盖度约为 80%；河岸以上为人工种植橡胶林，林下植被稀疏，覆盖度约为 7%。此河段受人类干扰较大，河岸植被异质性大，地表部分裸露，加之地形坡度较大，因此比较容易引起水土流失。N4-1 断面河岸带调查如图 2.12 所示。

（8）N5-1 断面河岸带情况。N5-1 断面位于冲积平原区，两岸地形平坦，砂质河床，河流含沙量大，水面无浮游植物。两岸受人类干扰强度大，左岸以农田、次生草地、竹林和橡胶林为主，植

第2章 鱼类栖息地保护效果评价技术与应用

（a）N4-1断面左岸 　　　　　　　　　（b）N4-1断面右岸

图2.12　N4-1断面河岸带调查图

被覆盖度约为50%，河岸以上有厂房。右岸以次生植被为主，生物具多样性，主要物种有白背黄花稔、蕨、含羞树、无刺含羞草、红蓼、葎草、刺苋等，植被覆盖度约为50%。此河段受人类干扰较大，河岸植被异质性大，地表部分裸露，但地形相对平坦，具有一定水土流失风险。N5-1断面河岸带调查如图2.13所示。

（9）N6-1断面河岸带情况。N6-1断面位于低山区，砂质河床，河面宽阔，水流较缓，岸边水域有大藻、凤眼莲等浮水草本和红蓼等耐淹植物。两侧地形较缓，接近居住区，河岸带人类干扰强度中等。左岸边滩植被以橡胶林和竹林为主，河岸以上为居民区，植被覆盖度为80%。右岸边滩植被以灌木和乔木为主，主要物种有橡胶、苹果榕、光荚含羞草、白饭树、地桃花、泽兰等，植被覆盖度为90%。

图2.13　N5-1断面河岸带调查图

该河段受人类干扰较大，但地形平坦河岸植被覆盖度大，且地表植被茂盛，水土流失风险较小；而河滩及河岸栽培植被较少，地表枯枝落叶层较厚，因此营养盐入河风险小。N6-1断面河岸带调查如图2.14所示。

（a）N6-1断面左岸 　　　　　　　（b）N6-1断面右岸

图2.14　N6-1断面河岸带调查图

（10）N7-1断面河岸带情况。N7-1断面位于金凤电站下游，两侧为石质山体，石质河床，水质较清。左岸山势陡峭，植被以自然植被为主，植被覆盖度大，边滩多以裸石为主，河岸以上为自然木本植被；右岸河滩坡度较缓，石质河滩，生长有草本、灌木和小乔木，植被覆盖度为20%，物种主要有红蓼、珠芽蓼、刺苋、鬼针草、无刺含羞草、含羞树、䅟草等，河岸以上种植有人工橡胶林。该河段两岸地形陡峭，但两侧山体以及河滩多为石质，植被稀疏，土壤流失风险较小。N7-1断面河岸带调查如图2.15所示。

（a）N7-1断面左岸 　　　　　　　（b）N7-1断面右岸

图2.15　N7-1断面河岸带调查图

2.3.2 南腊河作为澜沧江下游河流鱼类栖息地保护的适宜性

南腊河，属澜沧江水系，是澜沧江出国境前的最后一级支流，为云南省西双版纳傣族州勐腊县境内最大的河流。南腊河全长184km，河宽30m，流域集水面积4563km^2，河道天然落差740m，平均比降为4.063‰。流域内支流众多，共有大小支流136条，其中流域面积在100km^{2}以上的二级支流9条。同时，南腊河中上游地区没有大型加工企业，人为活动较少，污染较少，水质常年保持Ⅰ类水质，南腊河上游的大沙坝库区历年都有对水质要求极高的桃花水母出现，南腊河中下游地区水域较为开阔，饵料资源丰富，激流、浅滩、深潭等栖息地复杂多样，是裂峡鲃、斑腰单孔鲀、鲈鲤、双孔鱼、丝尾鳠、叉尾鲇、大刺鳅等鱼类的天然栖息地，具有澜沧江水系鱼类栖息、繁殖的环境条件。

随着澜沧江干流梯级电站的相继开发，水文、水温、水动力、地形等条件的改变，将对澜沧江干流的水生生物产生严重的、累积的且不可逆的影响。在此情况下，一些原来在澜沧江干流流水环境下繁殖的鱼类，可能会在其支流南腊河找到它们新的繁殖场所。因此，本书将定量分析南腊河作为澜沧江下游干流鱼类避难所和替代栖息地的适宜性。

研究的对比江段为：澜沧江下游景洪电站-南腊河河口江段和南腊河大沙坝水库-南腊河河口江段。

2.3.2.1 栖息地相似性

1. 水文相似性

（1）日流量过程相似性。上述干、支流研究江段中，澜沧江下游干流的代表水文站为允景洪站，它位于景洪水电站下游约3km的位置，是澜沧江景洪电站下游干流的控制水文站位。支流南腊河的代表水文站为曼拉撒站，它位于勐腊县下游4.5km位置，是南腊河大沙坝水库下游的控制水文站，允景洪水文站和曼拉撒水文站的地理位置如图2.5所示。本书收集了1959年、1961—1964年、

2.3 澜沧江下游南腊河栖息地保护适宜性分析

1970—1972年、1974—1985年共计20年的日流量数据，以此分析澜沧江下游干流与南腊河的水文相似性。其中，1975—1985年期间，允景洪水文站和曼拉撒水文站的日流量过程曲线如图2.16所示。从图中可以看出，允景洪水文站和曼拉撒水文站的流量过程较为类似，丰水期一般发生在每年的6—10月，枯水期一般发生在每年11月至次年5月。允景洪水文站枯水期流量在600~1000m³/s水平，丰水期最大流量一般在5000~6000m³/s水平，洪水年份可超过9000m³/s。曼拉撒水文站枯水期流量在10~20m³/s水平，丰水期最大流量一般在200~300m³/s水平，洪水年份可超过900m³/s。

(a) 澜沧江允景洪水文站

(b) 南腊河曼拉撒水文站

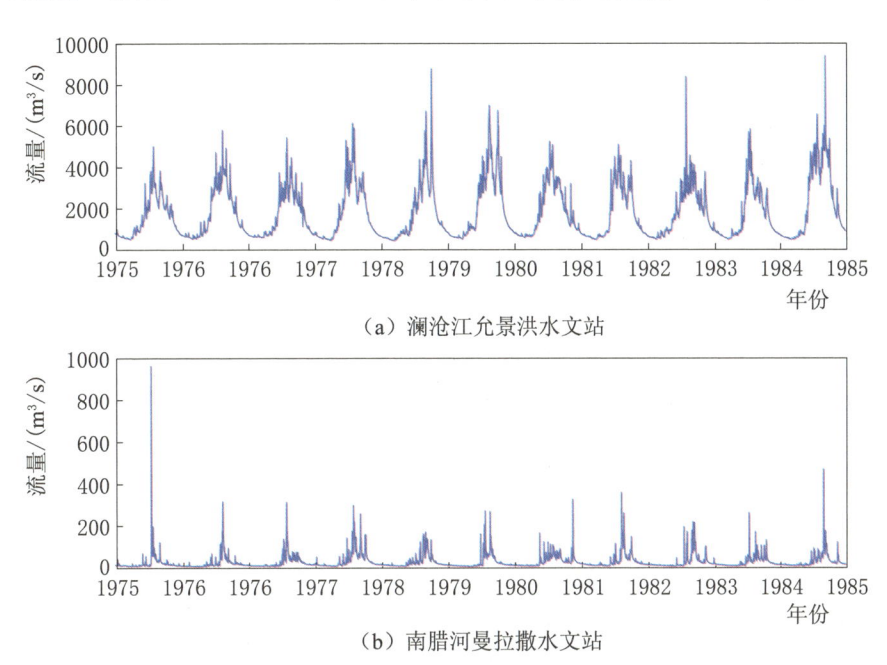

图2.16 澜沧江、南腊河日流量过程曲线对比

日流量的变化具有典型的时间属性，故此日流量过程的相似性分析应首先将流量数据进行标准化，再计算流量相似元值。常规的流量相似元值计算是通过相同时刻允景洪水文站—曼拉撒水文站的流量变化斜率逐一对比而得。允景洪水文站—曼拉撒水文站的流量相似元值的年平均值为0.703，处于基本相似等级。常规方法下，各年份的流量相似元值计算结果如图2.17所示。

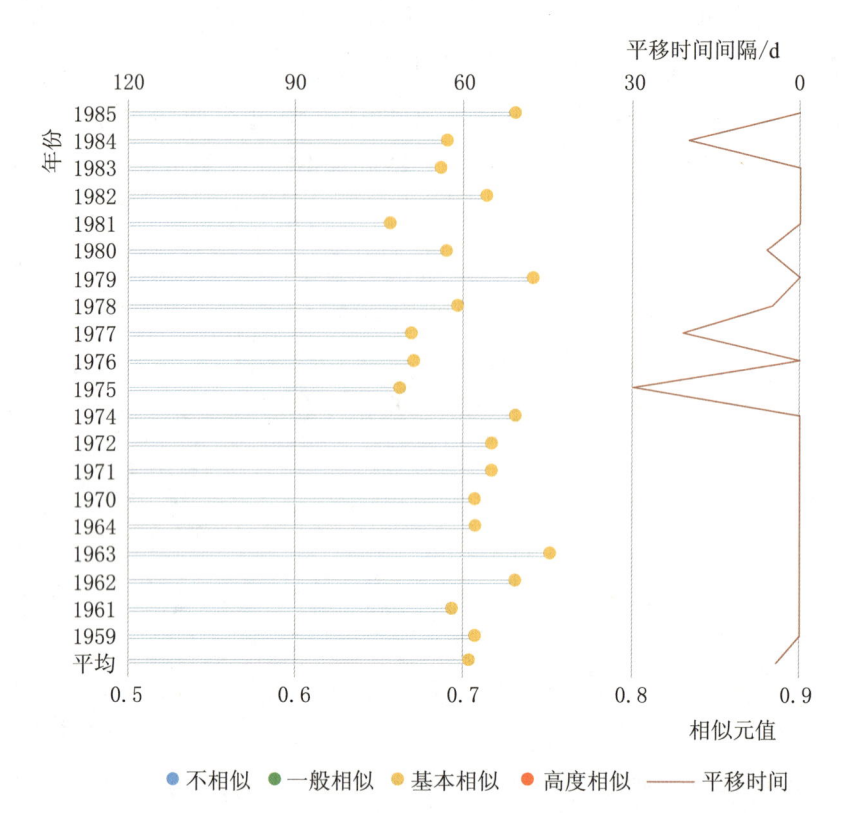

图 2.17　允景洪水文站—曼拉撒水文站的流量常规相似元值计算结果

为挖掘允景洪水文站—曼拉撒水文站之间流量变化的最相似区段和平移时间，应用相似性搜索方法对金下干流和赤水河的流量相似性做进一步分析。流量相似性搜索的平移时间阈值为 30 天，标准化后为 30 个单位时间间隔。相似性搜索时，固定允景洪水文站的流量变化曲线，通过向左或向右平移曼拉撒水文站的流量变化曲线，搜索相似元值达到最大的相似区间和平移时间。经相似性搜索，当 1980 年曼拉撒水文站的流量变化曲线向右平移 6 个单位时间间隔时，允景洪水文站—曼拉撒水文站的流量变化曲线相似性最高，其相似元值达 0.691，其他年份的具体流量相似性搜索结果如图 2.17 所示。以 1980 年为例，允景洪水文站—曼拉撒水文站最相似区间的流量变化曲线如图 2.18 所示。从图 2.18 中可以看出，允景洪水文站的流量变化相对剧烈，曼拉撒水文站的流量变化振幅较小，允景洪水文站—曼拉撒水文站的流量变化在整体趋势上比较相似，都是在春末和夏季（5—9月）出现流量高峰，这表明澜沧江下游干流和南腊河在流量过程方面基本相似，但由于南腊河为支流，在流量量级上和澜沧江干流相差比较大。

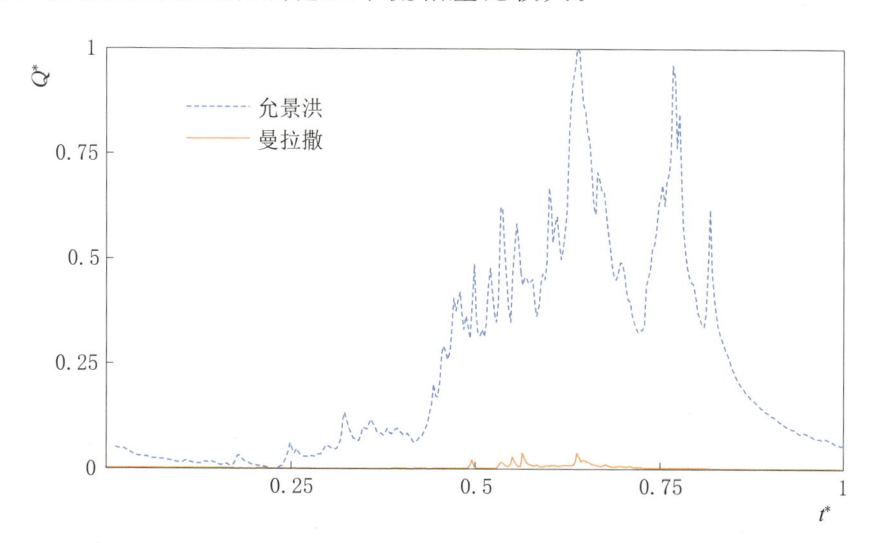

图2.18 1980年允景洪水文站—曼拉撒水文站最相似区间的流量变化曲线

（2）产卵期流量涨水参数相似性。据水工程生态研究所、云南大学等多家单位调查显示，澜沧江流域中下游鱼类繁殖季节为每年4—7月，因此定义每年4—7月为本书区域产漂流性卵鱼类的产卵期，连续3天（含3天）以上的连续涨水过程为一个有效的涨水过程。产卵期总有效涨水天数是指年序列中产卵期总的有效涨水天数之和。产卵期总涨水次数是指年序列中产卵期总的有效涨水次数。产卵期涨水持续天数是指年序列中产卵期有效涨水的平均持续时间。

经统计，1959年、1961—1964年、1970—1972年以及1974—1985年的20年期间，每年允景洪水文站与曼拉撒水文站的涨水流量参数如图2.19所示。从图2.19可以看出，允景洪水文站产卵期总涨水次数为7～14次，平均10.3次；总有效涨水天数为29～60天，平均45.8天；每次涨水持续时间为5.57～5.70天，平均4.48天；曼拉撒水文站产卵期总涨水次数为1～8次，平均4.55次；总有效涨水天数为3～29天，平均16.8天；每次涨水持续时间平均

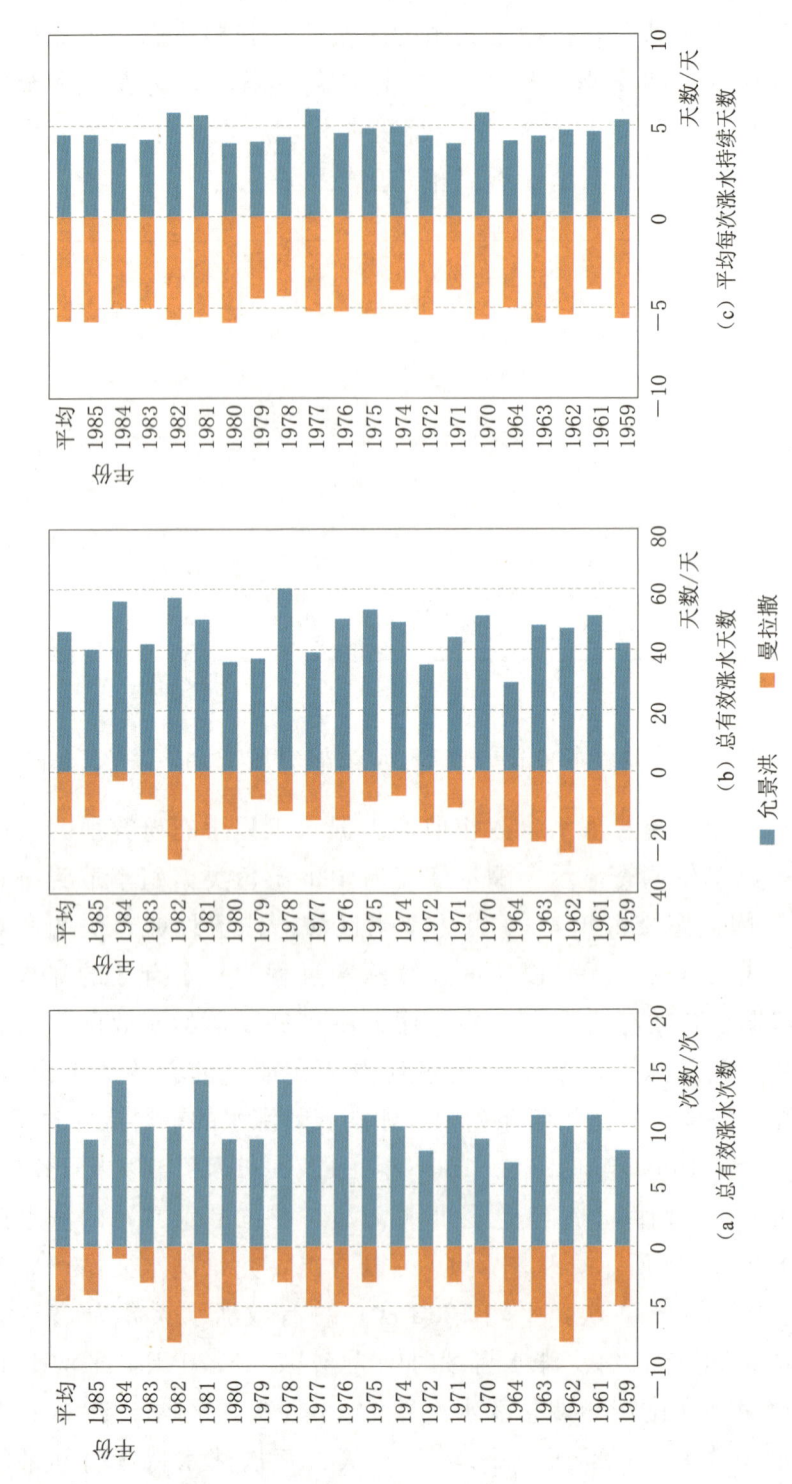

第2章 鱼类栖息地保护效果评价技术与应用

图 2.19 允景洪水文站和曼拉撒水文站的涨水参数统计结果对比图

5.71天。整体来看，南腊河曼拉撒水文站的总涨水次数、有效涨水天数及涨水持续天数均比澜沧江下游允景洪水文站的相应涨水流量指标小，这主要是由于南腊河为澜沧江干流的支流，流域规模相对较小，集水面积也相对较小，流量受暴雨影响显著，急涨急落。

进一步对允景洪水文站—曼拉撒水文站的总涨水次数相似元值、总有效涨水天数相似元值、平均每次涨水持续天数相似元值进行计算，计算结果如图2.20所示。允景洪水文站—曼拉撒水文站的总涨水次数相似性较低，其相似元值平均为0.463，处于一般相似等级；总有效涨水天数相似性也较低，其相似元值平均为0.382，处于一般相似等级；平均每次涨水持续天数相似性较高，其相似元值平均为0.810，处于高度相似等级。从整体上来看，澜沧江下游干流和南腊河在平均每次涨水持续天数方面相似性较高，在总有效涨水天数和总有效涨水天数方面相似性较为一般。

（3）水温相似性。据水工程生态研究所、云南大学等多家单位调查显示，澜沧江中下游流域鱼类以温水性鱼类为主，生长适宜水温在15~30℃范围内，繁殖季节（4—7月）天然河道水温为18~22℃，低于15℃将影响鱼类生长繁殖。由于南腊河日水温过程数据序列缺乏，难以计算澜沧江下游与南腊河的水温过程相似性，因此本书仅对南腊河水温适宜性做定性分析。

6月和11月，研究团队对澜沧江下游和南腊河布设点位进行水温测量，测量结果见表2.10。从表2.10中可以看出，6月和11月澜沧江下游干流的水温在22.43~24.4℃，南腊河的水温比澜沧江下游干流水温稍高，在22.53~29.1℃，干流与支流水温均超过15℃，在鱼类适宜的生长繁殖水温范围之内，表明南腊河的水温适宜澜沧江干流鱼类的生长繁殖。

2. 水环境相似性

研究团队于6月和11月对澜沧江下游和南腊河进行了水质现场测量，测量参数为电导率、溶解氧含量和pH值三项，测量结果见表2.11和表2.12。从这两个表中可以看出，在电导率方面，澜沧江6月各测点电导率平均值为424.33μS/cm，11月各测点电

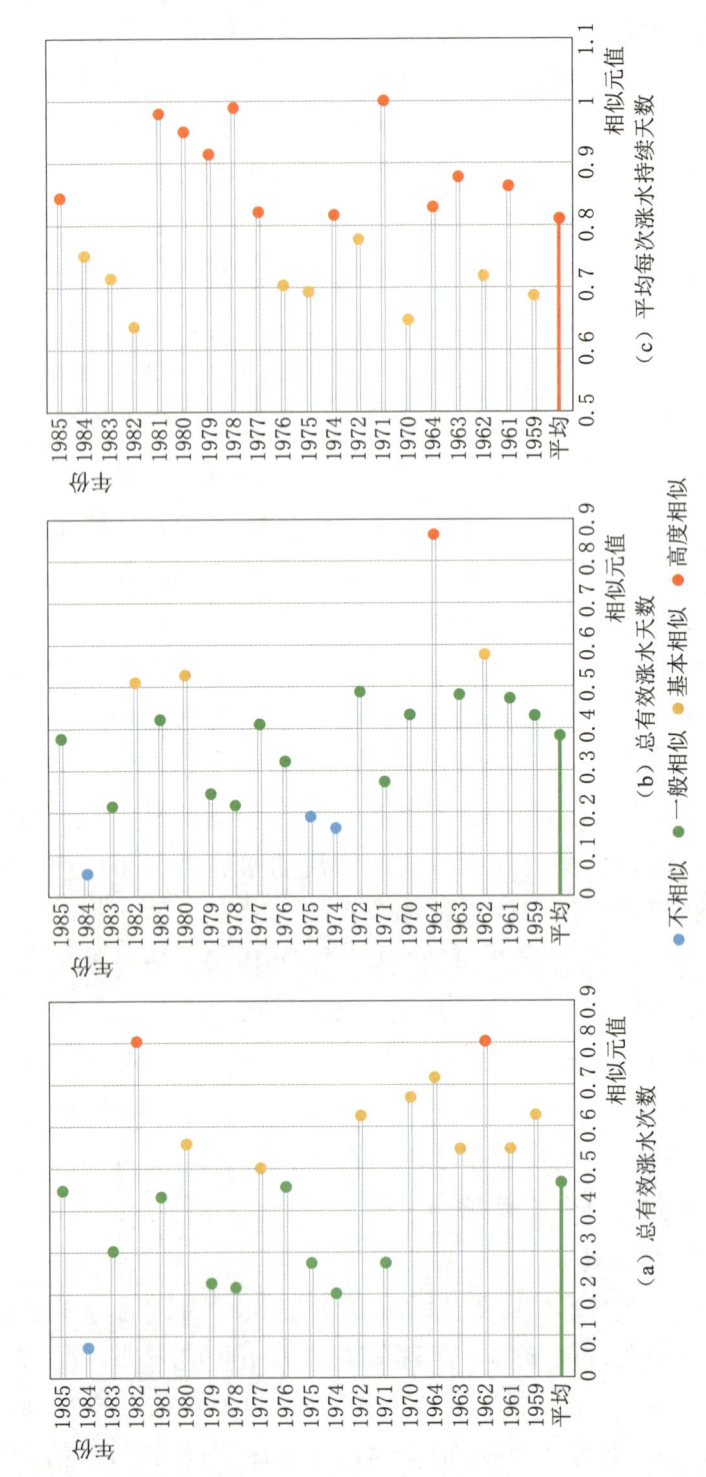

图 2.20 允景洪水文站和曼拉散水文站涨水参数相似元值分析

表 2.10　2015 年 6 月和 11 月澜沧江、南腊河的水温测量结果

河流	澜沧江			南　腊　河						
采样点	L1	L2	L3	N1	N2	N3	N4	N5	N6	N7
水温/℃　6月	24.40	22.43	22.47	26.10	26.60	26.20	26.33	28.60	28.83	29.10
11月	24.00	22.90	22.53	25.20	—	25.00	22.53	22.63	25.17	24.43

表 2.11　2016 年 6 月和 11 月澜沧江下游水质实测数据

河流	采样点	电导率/(μS/cm)		溶解氧含量/(mg/L)		pH 值	
		6月	11月	6月	11月	6月	11月
澜沧江	L1	460.33	260.33	9.00	6.67	7.69	8.14
	L2	402.00	260.00	9.71	6.97	7.52	7.96
	L3	410.67	258.33	10.20	7.22	7.96	8.13
	平均	424.33	259.55	9.64	6.95	7.72	8.08

表 2.12　2016 年 6 月和 11 月南腊河水质实测数据

河流	采样点	电导率/(μS/cm)		溶解氧含量/(mg/L)		pH 值	
		6月	11月	6月	11月	6月	11月
南腊河	N1	308.00	325.67	8.40	6.65	7.72	8.10
	N2	341.00	—	8.24	—	7.88	—
	N3	365.00	328.33	8.27	8.57	7.17	8.52
	N4	337.33	341.67	8.05	8.16	7.76	8.07
	N5	397.67	385.33	5.76	7.13	7.94	8.21
	N6	370.67	321.67	7.08	6.64	7.99	8.02
	N7	305.67	316.67	7.27	7.14	7.71	8.15
	平均	346.19	336.22	7.58	7.38	7.74	8.18

导率平均值为 259.55µS/cm，11 月电导率明显较低，而南腊河 6 月各测点电导率平均值为 346.19µS/cm，11 月各测点电导率平均值为 336.22µS/cm，6 月与 11 月的电导率水平相当。在溶解氧含量方面，澜沧江 6 月各测点溶解氧含量平均值为 9.64mg/L，11 月各测点溶解氧含量平均值为 6.95mg/L，11 月溶解氧含量也明显较低，而南腊河 6 月各测点溶解氧含量平均值为 7.58mg/L，11 月各测点溶解氧含量平均值为 7.38mg/L，6 月与 11 月的溶解氧含量水平相当。在 pH 值方面，澜沧江 6 月各测点 pH 值平均值为 7.72，11 月各测点 pH 值平均值为 8.08，11 月 pH 值较高，但都呈弱碱性，而南腊河 6 月各测点 pH 值平均值为 7.74，11 月各测点 pH 值平均值为 8.18，11 月 pH 值也较高，但都呈弱碱性。

根据 6 月和 11 月澜沧江下游和南腊河的水质实测数据，计算河段电导率、溶解氧（DO）含量和 pH 值等水质指标的相似元值，具体计算结果如表 2.13 所示。从表 2.13 中可以看出，澜沧江下游与南腊河在电导率方面，6 月和 11 月的相似元平均值为 0.794，处于基本相似等级；在溶解氧方面，6 月和 11 月的相似元平均值为 0.864，处于高度相似等级；在 pH 值方面，6 月和 11 月的相似元平均值为 0.993，处于高度相似等级。整体看来，南腊河与澜沧江下游在电导率、溶解氧和 pH 值方面的相似性较好，且南腊河 6 月与 11 月的电导率和溶解氧含量方面较为稳定，变化没有澜沧江下游水质变化明显。

表 2.13　2016 年澜沧江下游与南腊河水质相似元计算结果

水质参数	电导率		溶解氧（DO）		pH 值	
月份	6 月	11 月	6 月	11 月	6 月	11 月
相似元值	0.816	0.772	0.787	0.942	0.998	0.988
平均	0.794		0.864		0.993	
相似等级	基本相似		高度相似		高度相似	

3. 河流地形地貌相似性

蜿蜒度是一个描述河流弯曲程度的直接指标，定义为河段两端之间沿河道中心轴线的长度与两端点直线长度的比值。为了便于河流蜿蜒度的计算，我们根据河流地形特点与重要水利工程设施分布，将澜沧江下游景洪电站—南腊河河口江段分为上、中、下三段，分别为上段景洪电站—橄榄坝渡口、中段橄榄坝渡口—关累港口、下段关累港口—南腊河河口，同样也将南腊河大沙坝水库下游至南腊河河口江段分为上、中、下三段，分别为上段大沙坝水库—曼拉撒水文站、中段曼拉撒水文站—金凤电站、下段金凤电站—南腊河河口。

应用Google地球卫星遥感地图，统计各分段的江段长度和直线距离，并计算各分段蜿蜒度如表2.14和表2.15所示。从表2.14中可以看出，澜沧江下游上段蜿蜒度为1.16，中段蜿蜒度为1.92，下段蜿蜒度为1.42，可见澜沧江下游的中段河曲最为发育，其次是下段。从表2.15中可以看出，南腊河上段蜿蜒度为1.69，中段蜿蜒度为2.10，下段蜿蜒度为1.15，可见南腊河的中段河曲最为发育，其次是上段。

表2.14　　　　　　　澜沧江下游河流蜿蜒度

分段情况	江　　段	江段长度/m	直线距离/m	蜿蜒度
上段	景洪电站—橄榄坝渡口	32694	28199	1.16
中段	橄榄坝渡口—关累港口	56420	29396	1.92
下段	关累港口—南腊河河口	18530	13029	1.42

表2.15　　　　　　　南腊河河流蜿蜒度

分段情况	江　　段	江段长度/m	直线距离/m	蜿蜒度
上段	大沙坝水库—曼拉撒水文站	27723	16391	1.69
中段	曼拉撒水文站—金凤电站	80935	38615	2.10
下段	金凤电站—南腊河河口	10562	9161	1.15

澜沧江下游与南腊河分段蜿蜒度的相似元值计算结果如表2.16所示。从表2.16中可以看出，澜沧江下游和南腊河在上段的蜿蜒度相似元值为0.685，处于基本相似等级，在中段和下段的蜿蜒度相似元值分别达0.916和0.811，处于高度相似等级，全河长的平均蜿蜒度相似元值为0.804，处于高度相似等级。这表明，澜沧江下游和南腊河在中段和下段蜿蜒度的相似程度很高，上段也基本相

似，整体蜿蜒度高度相似。

表 2.16 澜沧江下游与南腊河分段蜿蜒度的相似元值计算结果

分段情况	蜿蜒度相似元值	相似等级
上段	0.685	基本相似
中段	0.916	高度相似
下段	0.811	高度相似
全河长平均	0.804	高度相似

2.3.2.2 河流连通性

1. 干支流连通性

南腊河是澜沧江出国境前的最后一级支流，澜沧江下游干流与支流南腊河在流域尺度上是相互连通的，南腊河河口无阻水建筑物，鱼类等生物、物质及能量可在干支流间自由流动与交换，因此干支流连通性 $D5$ 赋值为 1。

2. 支流本身连通性

南腊河支流的研究区域大沙坝水库-南腊河河口江段总长度为 119km，而南腊河下游接近河口位置约 10.5km 处建有金凤电站，阻隔了鱼类等生物向南腊河上游洄游，即南腊河支流自由流淌河段仅 10.5km。南腊河本身的连通性可由纵向连通的水域千米数 CL 与纵向研究范围内的总千米数 TL 相比，因此支流本身连通性 $D6$ 可由下式计算：

$$D6 = \frac{CL}{TL} = \frac{10.5}{119} = 0.088$$

从支流本身连通性 $D6$ 的计算结果看出，南腊河支流的纵向连通性很差，得分仅 0.088。

2.3.2.3 生态健康性

据文献调查，南腊河流域内洪水主要来源于暴雨，洪水的时空分布与暴雨时空分布相一致，暴雨的特性决定洪水特性。据流域内水文资料分析，南腊河流域的洪水主要有 3 种类型：第一种是全流域性普降暴雨所造成，干、支流洪水互相遭遇，形成峰高量大的洪水，如1975年曼拉撒水文站的大洪水；第二种是上游勐伴、瑶区等局部暴雨所造成，如1991年曼拉撒水文站的大洪水；第三种是干流某些江段和干支流发生暴雨所造成，如1964年及1995年8月14—15日大洪水。

南腊河流域为山区性河流，源短流急，洪水变幅大，涨落较快，洪水变化过程与暴雨基本一致，年最大流量与年最高水位出现时间一致。南腊河流域一般5月进入汛期，多数情况10月结束，个别年份11月结束。1965—2010年，流域内出现特大洪水（不小于50年一遇）1次，为1975年，大洪水（20～50年一遇）1次，为1991年，一般洪水（10～20年一遇）2次，分别为1971年、1982年。以1965年以来南腊河流域的6次大洪水（洪水大小依次为1975年、1991年、1971年、1982年、1984年、1995年）资料统计分析，较多洪水主要集中在7—8月，7—8月水量占汛期水量的20.2%～47.4%，汛期水量占全年水量的36.9%～87.6%，6次大洪水的洪峰模数为0.47～1.41，由洪峰模数可知，南腊河流域遇强暴雨易形成灾害性的大洪水，以日雨量大于等于50mm的暴雨平均每年出现次数可知，南腊河流域内无明显固定的暴雨多发区[107]。据2016年6月和11月调查显示，南腊河调查范围内主河槽相对稳定，河岸、河床均无崩岸、改道冲刷迹象，河岸、河床冲淤达到一定的动态平衡，且南腊河两岸植被覆盖度高，河岸、河床的稳定性良好。

综上可见，南腊河流域的暴雨无固定性，大多为偶发性，由于山区河流特性，暴雨易形成灾害性大洪水。1965—2010年期间，发生10年一遇以上大洪水4次。因此，洪水灾害频率较低，洪水灾害频率方面的总体评价为"良好"，得分赋值为0.7。河岸、河床稳定性良好，河岸稳定性、河床稳定性方面的总体评价为"良好"，得分赋值为0.7。

2.3.2.4 适宜性评价结果

本书应用层次分析法，计算南腊河作为澜沧江下游河流替代栖息地的适宜性，适宜性计算结果如表2.17所示。从表中可以看出，南腊河与澜沧江下游的栖息地相似性（C1）得分为 0.759，河流连通性（C2）得分为 0.544，生态健康性（C3）得分为 0.700，替代适宜性（B1）得分为 0.759，保护适宜性（B2）得分为 0.622，适宜性指数（A1）得分为 0.690，处于"适宜"等级。

表 2.17　南腊河作为澜沧江下游河流替代栖息地的适宜性计算结果

一级指标	得分	二级指标	得分	三级指标	得分	四级指标	得分	五级指标	得分
适宜性指数（A1）	0.690	替代适宜性（B1）	0.759	栖息地相似性（C1）	0.759	水文相似性（D1）	0.590	日流量过程	0.704
								产卵期涨水次数	0.463
								产卵期涨水天数	0.382
								涨水持续天数	0.810
						水环境相似性（D3）	0.884	电导率	0.794
								DO含量	0.864
								pH值	0.993
						河流地形地貌相似性（D4）	0.804	蜿蜒度	0.804
		保护适宜性（B2）	0.622	河流连通性（C2）	0.544	干支流连通性（D5）	1	—	—
						支流本身连通性（D6）	0.088	—	—
				生态健康性（C3）	0.700	栖息地稳定性（D7）	0.700	洪水灾害频率	0.700

2.3.3　南腊河鱼类栖息地保护结论与建议

2.3.3.1　主要结论

根据本书研究，南腊河作为澜沧江下游河流鱼类栖息地的适宜性评价综合得分为 0.690，结果为"适宜"等级。评价过程中可以得出，南腊河与澜沧江下游在水文相似性方面得分较低；在水文指标中，日流量过程、产卵期涨水持续天数的相似性较高，产卵期涨水次数、涨水天数的相似性较低；在水环境相似性和河流地形地貌相似性方面，得分均较高；在河流连通性方面，干支流相互连通，故此干支流连通性得分为满分，但是由于距离南腊河河口 10.5km 处有金凤电站的阻隔，导致支流本身连通性得分极差，得分趋近 0 分，整体上河流连通性得分较低；生态健康性方面，南腊河洪水灾害频率较低，河岸、河床稳定性较好，因此南腊河的栖息地稳定性较高，生态健康性较好。

2.3.3.2 保护建议

在研究过程中发现，与原河段（干流）相邻近的、相连通、栖息地相似、物种相似且具有良好栖息地条件的支流可以一定程度或较大程度地替代原河段（干流），但仍存在许多不可避免的问题，例如，支流流域规模与干流相比差距较大，流量、水深、栖息地空间等条件差距明显；原河段（干流）一些鱼类未能完全适应支流栖息地，虽有分布，但未见繁殖活动，能够较好适应支流栖息地的鱼类，资源规模、繁殖规模也与干流相差较大。可见，支流保护难以完全替代干流栖息地，还需采取其他综合保护措施，以最大程度缓解水电开发引起的生态不利影响。根据研究中发现的问题，结合实际情况，我们提出以下对南腊河河流替代栖息地保护的建议。

（1）恢复南腊河下游的河流连通性。南腊河河流栖息地条件整体较好，南腊河作为澜沧江下游河流鱼类栖息地，具有较好的适宜性，但是距离南腊河河口 10.5km 的金凤电站阻隔了澜沧江干流鱼类往南腊河上游洄游的通道，使南腊河的自由流淌长度缩减至 10.5km，若拆除金凤电站，实行南腊河河道的连通性恢复工程，将使南腊河自由流淌河段增加至大沙坝水库下游，长度可达 119km。

（2）发挥南腊河大沙坝水库的调度作用。大沙坝水库位于勐腊县城以北 14km，南杭河与南腊河交汇处下游约 500m 的南腊河上，最大坝高 38.2m，坝顶长 176.6m，总库容 6800 万 m^3。按 20 年一遇的防洪标准设计，可保护下游面积 2.0 万亩，保护人口 2.05 万人。

配套渠道全长21.416km，灌溉农田5.61万亩，坝后电站装机1×1600kW、1×4000kW，年发电量为1500万kW·h，是一座以灌溉为主，兼顾防洪、发电和旅游综合利用的中型水库。大沙坝水库是南腊河的控制性水利工程，建议充分发挥大沙坝水库的调度作用，在漂流性卵鱼类繁殖季节，研究实施生态调度的可能性，促进南腊河鱼类自然繁殖。

（3）加强南腊河生态环境监控。目前南腊河枯水季节的流量较长时期维持在$10m^3/s$量级，环境容量较小，南腊河沿线存在水质污染风险，因此，建议加强南腊河沿线的水质监控，同时也加强河流渔业资源及生态环境的动态监测工作，以各地渔政部门为基础，建立并完善渔业资源与生态环境监测站点和监测网络，加强监测能力，增强预警能力。

（4）加强流域的系统保护。水利水电工程对河流水生生态系统的影响是多方面的，在采取保护措施时，应着眼于整个流域，统筹考虑干流和支流的系统保护。除了采取栖息地保护的措施外，还应辅以人工增殖放流、生态调度、栖息地修复等措施，力求最大限度地减缓水利水电工程对生态环境的不利影响。

（5）加强局部栖息地的生态修复。河流替代栖息地保护的实践工作中，在系统保护的基础上，还应进一步加强南腊河局部重要栖息地（如鱼类产卵场、越冬场、索饵场等）的生态修复，必要时进行人工产卵场的重构与再造，恢复和提高适宜栖息地的质量和数量。

2.4 本章小结

本章在系统调研分析干支流协调发展中河流栖息地保护主要影响因素的基础上，明确了指标选择与指标体系构建的原则，根据支流保护的内涵，针对河流栖息地保护的适宜性，构建了河流栖息地替代保护适宜性评价指标体系，并以澜沧江支流南腊河为例，评价了河流栖息地保护的适宜性。主要研究成果如下：

2.4 本章小结

(1) 应用层次分析法，从替代适宜性和保护适宜性两个维度构建了河流栖息地保护效果评估指标体系，其中替代适宜性重点考虑栖息地相似性、物种相似性，保护适宜性重点考虑干支流连通性和生态健康性。在此基础上，应用模糊相似理论，提出了各物种和栖息地相似性指标的计算方法。

(2) 以澜沧江支流南腊河为例，评估了以南腊河作为鱼类栖息地开展保护的适宜性，结果显示南腊河作为澜沧江下游河流替代栖息地的适宜性评价综合得分为0.690，结果为"适宜"等级。评价过程中可以得出，南腊河与澜沧江下游在水文相似性整体偏低，水文指标中，日流量过程、产卵期涨水持续天数的相似性较高，产卵期涨水次数、涨水天数的相似性较低；水环境相似性和河流地形地貌相似性较高；河流连通性方面，干支流连通性较高，但是由于南腊河河口处有金凤电站的阻隔，导致支流本身连通性较差，导致整体上河流连通性得分较低；生态健康性方面，南腊河洪水灾害频率较低，河岸、河床稳定性较好，生态健康性整体良好。

(3) 针对南腊河鱼类栖息地保护，提出了如下建议：实行南腊河河道的连通性恢复工程，将使南腊河自由流淌河段增加至大沙坝水库下游；充分发挥南腊河大沙坝水库的调度作用，在漂流性卵鱼类繁殖季节，研究实施生态调度的可能性，促进南腊河鱼类自然繁殖；建议加强南腊河水质监控，降低沿线水质污染风险，同时完善渔业资源与生态环境监测站点和监测网络，增强预警能力；统筹考虑干流和支流的流域性系统保护，力求最大限度地减缓水利水电工程对生态的不利影响；加强局部栖息地的生态修复，必要时进行人工产卵场的重构与再造，恢复和提高适宜栖息地的质量和数量。

第3章 水库生态调度效果评价技术与应用

水利水电工程的建设，使天然河流生态系统受到破坏，生态调度旨在通过调度手段减小水利水电工程建设对河流生态系统的负面影响。本章面向水量、泥沙、水质、水生生物等目标，构建了水库生态调度效果评估体系，并以三峡水库面向四大家鱼的生态调度为例，实证评价了历年生态调度效果，以期为生态调度效果提升及其适应性管理工作提供基础支撑。

3.1 水库生态调度的相关概念

3.1.1 水库生态调度内涵

水利水电工程建设是人类开发利用河流水能资源的主体方式，在防洪、发电、灌溉、航运、供水等方面发挥着诸多兴利功能，但也不可避免地改变了河流的天然水文情势和水沙过程，驱使河流地形、水动力、水质等环境发生变化，从而破坏了鱼类等水生生物原有的生长繁殖条件，扰乱了生物对环境的正常行为响应，对河流生态系统带来了一定的负面影响。

为解决水利水电工程建设带来的上述负面生态影响，协调水库社会经济效益与生态环境之间的矛盾关系，国内外学者和水利水电工程的运行管理者开始探索把生态因子加入日常调度中，提出了生态调度的概念。迄今为止，学术界对"生态调度"这一概念仍未有准确统一的定义，学者们主要围绕水库生态系统的保护目标、调度方式以及约束条件对生态调度进行定义。Richter等从人类与自然二元需水角度，提出生态调度是在充分满足人类用水需求的同时，最大限度地供应河流生态环境的需水要求的水库调度方式[108]。Jager 和 Smith 从水库可持续调度的角度，指出生态调度应当在满足供水和发电等社会基本需求的前提下，维持河流生态系统的稳定与健康[109]。董哲仁等将生态调度定义为在实现防洪、发电、供水、灌溉、航运等社会经济多种效益目标的前提下，兼顾河流生态系统需求的水库调度方法[110]。黄艳认为生态调度是通过合理的技术手段调控河流流量、水温、沉积物输移等，改善河流水生态环境等，以满足流域水资源优化调度和河流生态系统健康完整的目标要求[111]。尽管不同学者提出的生态调度定义存在差异，但上述定义均强调在水库调度过程中需考虑生态因子，以降低传统水库调度对河流生态系统的负面影响。

3.1.2 水库生态调度目标

结合国内外水库生态调度的理论研究与实践，现阶段水库生态调度的目标主要分为保障生态需水、改善水质、调水调沙和促进鱼类等水生生物生存繁殖 4 类。

3.1.2.1 面向生态需水的生态调度

大坝的建设改变了河流天然径流模式并扰乱河流水量的时空分布，对于引水式电站，甚至出现了下游河道断流的现象，对河流生态系统产生了显著的负面影响。随着河流生态需水与人类活动用水矛盾的日益凸显，"生态流量"的概念应运而生。生态流量是指为保障河流环境生态功能，维持水资源可持续开发利用，而不至于发生生态环境恶化致使不能保证下游河道的小流量。通过生态需水调度，保证水库下泄流量满足下游生态功能的最小需水量，对维系整个河流生态系统的结构、功能完整性和良性循环具有重要意义[112]。

随着我国生态文明建设工作的推进，生态流量已被纳入水生态保护的制度管理体系中，2015 年 4 月，国务院印发的《水污染防治行动计划》（简称"水十条"）明确提出，要科学确定生态流量，加强江河湖库水量调度管理，维持河湖生态用水需求，重点保障枯水期生态基流。2020年颁布的《中华人民共和国长江保护法》从法律层面首次建立了生态流量保障制度，规定要将生态水量纳入年度水量调度计划，将生态用水调度纳入工程日常运行调度规程中。国内实践中，较多河流以近十年的最枯月平均流量或90%保证率最枯月平均流量作为河道内生态基流。

3.1.2.2　面向水质改善的生态调度

水质调度主要是为控制水体富营养化、改善下游气体过饱和以及河口压咸等目标而开展的调度。针对不同的水质改善目标，其调度方式不同。例如，面向水体富营养化控制，调度方式可采用加大水库下泄流量、加速缓流区水体流速；面向下游气体过饱和，一般通过合理分配水体下泄方式来调节；针对河口压咸补淡，主要通过加大水库下泄流量的方式开展。

国外以水质为目标的生态调度工作开展的时间较早，例如20世纪90年代，美国的田纳西河流域通过涡轮机通风提高下泄水库溶解氧浓度，进而达到了改善下游河流水质的目的；2000年，美国哥伦比亚河流域通过调整泄流方式，有效地改善了下游水体的气体过饱和程度，降低了大马哈鱼气泡病的发生风险[113]。近年来，随着我国水利事业的飞速发展，以及生态环保理念的深入人心，以水质为目标的生态调度实践探索也日益增加，并取得了显著成效。咸潮问题是珠江三角洲河口地区严重的环境问题之一。2005年年初和2006年年初，为缓解珠海及周边地区供水问题，相关部门实施珠江压咸补淡应急调水措施，有效地降低了珠江口咸潮入侵的影响。2018年，三峡水库在汛期结合中小洪水调度，采用潮汐式调度方式，营造库水位"抬升—稳定—下降"的变化过程，扩大异重流对支流库湾的影响范围，打破了库湾水动力、营养盐等空间"分区"特性，有效地缓解并控制了水华的形成。2021年，面向湖北省汉江仙桃段的"水华"现象，湖北省水利厅应急调度兴隆水利枢纽采取"冲蓄结合"改善库区水力条件、改变藻类生长环境，调度引江济汉工程向汉江补水，长江委调度丹江口增加下泄流量，多管齐下，有效遏制了汉江"水华"的发展趋势。

3.1.2.3 面向泥沙减淤的生态调度

天然河流中部分泥沙通过河水流动带入大海，但部分泥沙沉积下来保护河床，而河流筑坝成库后，大量的泥沙被截留在库区，切断了河流正常的泥沙输移过程，造成库区泥沙淤积和下游河道冲刷。目前，水库的泥沙调度主要是通过"蓄清排浊"的方式，汛期加大下泄流量，使水位快速消落，加速水库排沙，非汛期增加水库蓄水，充分发挥水库综合效益，实现水库泥沙的冲淤平衡，维持河道健康。

黄河是世界上含沙量最大的河流，流域梯级水利水电工程的水沙问题严重，尤其是黄河中下游流域，多年来开展了一系列卓有成效的调水调沙实践工作。2002—2021年，万家寨、三门峡、小浪底等开展联合水沙调度，三门峡水库累计出库沙量25亿t，小浪底水库累计出库沙量24亿t，下游河道累计冲刷泥沙31亿t，黄河下游河床取得了明显的防洪减淤效果。

3.1.2.4 面向鱼类繁殖的生态调度

河流水文过程、径流量、水质和泥沙等因素都会以直接或间接的方式影响鱼类等水生生物种群数量，众多因素中，水温和水文过程对鱼类繁殖行为的影响最为明显。研究结果显示，天然河流的水文情势过程，带有周期性的流量、水位、脉冲频率、发生时机、持续时间和变化率等要素信息，对河流生态系统的节律性演替和生物的自然繁衍具有重要意义。因此，现阶段的水生生物调度实践中，常选择水温适宜的时期，通过"人造洪峰"营造近似于天然的水文情势，以刺激产漂流性卵鱼类繁殖，通过"稳水位"为产黏沉性卵鱼类繁殖创造有利条件[114]。

自2011年起，中国长江三峡集团公司（以下简称三峡集团）已经连续13年开展面向四大家鱼自然繁殖的生态调度试验，2017年，基于三峡水库生态调度的成功经验，又将生态调度范围拓展至金沙江下游，开展溪洛渡-向家坝-三峡联合生态调度试验；2020年，三峡水库首次开展了针对库区产黏沉性卵鱼类的生态调度，控制库水位日降幅不超过0.2m，营造适宜库区鲤、鲫等产黏沉性卵鱼类繁殖和孵化的条件。

3.2 水库生态调度效果评价技术方法

根据水利水电工程对河流生态系统的主要影响分析，结合水库生态调度的目标，在分析与参考水利、生态环境、水利与社会经济等领域的研究成果基础上，按照层次分析方法，根据评价对象各组成部分之间的关系，构建了水库生态调度效果评价指标体系。

3.2.1 水库生态调度效果评价指标的遴选

首先，从生态环境效益和社会经济效益两个维度出发，通过查阅文献、专家咨询的方式分层次筛选评价体系的一级指标、二级指标。最后根据不同调度目标选取具有决定性的关键指标，形成面向不同目标的生态调度效果评估指标体系。

3.2.1.1 生态环境效益指标

生态环境的评价主要从水体理化参数、物理生境和生物类群三个层面考量，水体理化参数主要指水质状况，物理生境包括水文、泥沙、栖息地质量等要素，生物类群主要考虑水生生物。综上所述，水库生态调度效果评估体系一级指标包括水文、水质、泥沙、水生生物等生态环境效益指标。

1. 水文

水文指标包含两方面内涵，即水量和水文情势。

水量对河流的影响涉及流速、水温、水质、地形塑造等诸多方面。维持生态需水调度，是满足河流自净需要、保持河道状态及水生生物生存繁衍的关键。生态流量是指水库下游维持河道基本功能的需水量，包括维持河流冲沙输沙能力的水量；保持河流一定自净能力的水量；防止河流断流和河道萎缩的水量；维持水生生物繁衍生存的必要水量。除了河流廊道以外，还要综合考虑与河流连接的湖泊、湿地的基本功能需水量，考虑维持河口生态以及防止咸潮入侵所需的水量。现阶段，生态流量的计算方法主要有水文学法、水力学法、栖息地模拟等。基于上述认知，选择生态流量达标率作为衡量指标。

水文情势是影响水生生物的产卵繁殖的重要指标。对于水生生物尤其是鱼类来说，很多情况下涨水过程甚至要比水量更重要。结合对文献结果的分析梳理，对于产漂流性卵鱼类，涨水持续时间、涨水断面初始流量、涨水断面洪峰流量和流量日增长率被认为是影响鱼类繁殖的关键水文指标[115]；对于产黏沉性卵鱼类，库水位日降幅是影响鱼类繁殖和孵化成活率的关键水文指标。为此本书引入了"栖息地适宜度"的概念，利用栖息地适宜度指数（habitat suitability index，HSI）表征生物对栖息地偏好与栖息地生境因子之间的定量关系。综上所述，对于产漂流性卵鱼类，选取涨水持续时间适宜度、涨水断面初始流量适宜度、涨水断面洪峰流量适宜度、流量日增长率适宜度作为二级评价指标；对于产黏沉性卵鱼类，选取库水位日降幅适宜度作为二级评价指标。

2. 水质

水库水质调度主要涉及三方面内容：水体富营养化、气体过饱和以及河口压咸，因此水质评价指标选取过程中应综合考虑上述三方面内容。

水利水电工程的建设改变了原始河道的水动力条件，库区水体流速减低、滞留时间延长，库区水体呈现富营养化的发展趋势，水华风险急剧升高，因此库区水华问题已成为湖库水体面向的重大水质安全问题之一[116]。结合文献调研，反映水华现象的代表性指标为叶绿素a浓度（chla），影响水华的主要指标为水温（T）、溶解氧（DO）、总磷（TP）、总氮（TN）、氨氮（NH_3-N）[117]，因此选取水温适宜度指数和溶解氧、总磷、总氮、氨氮的减小值作为评价水华防控调度效果的二级指标。

高坝大库在高水位泄流时，高速水流表面形成的负压，会将空气中的N_2和O_2吸入下泄水流中，造成坝下水体出现气体过饱和现象，致使下游鱼类患上"气泡病"，危及鱼类生存。基于上述认知，本书选择气体过饱和改善度作为面向气体过饱和水质调度效果评估的二级评价指标。

压咸调度主要是为应对河口区域的咸潮入侵，通过加大水库下泄的方式向下游河口区域补水，因此，选择水体中氯化物浓度降低量作为评价调度效果的主要指标。

3. 泥沙

水库建成后，库尾河段随着流速的逐渐下降，河道内会发生明显的泥沙沉淀作用，造成河道堵塞、泥沙淤积。同时，生物栖息地会因为泥沙的淤积而逐渐萎缩、退化甚至消失，干扰河流内生物的生存繁衍。

目前水库的泥沙调度主要面向解决库区泥沙淤积问题，以改善河道的行洪和生态环境；选取水库排沙比增加率、下游河道泥沙冲刷量作为泥沙调度评价指标。

4. 水生生物

水利水电工程的建设改变了河流的原始特征，水利水电工程下游减水河段水量的下降会导致水生生物多样性和资源量的缩减；水库调蓄引起的径流过程坦化，导致对鱼类等水生生物繁殖刺激的减弱，造成水生生物资源量的显著下降。现阶段，面向鱼类的生态调度大多针对鱼类的繁殖期展开，通过"人造洪峰"或"稳水位"等方式促进鱼类的繁殖和孵化，加快鱼类种质资源恢复。基于上述认知，选择生物多样性指数恢复度、调度目标鱼类产卵量恢复度和生态调度期间鱼类繁殖规模占整个繁殖期比例三项指标作为生态调度对水生生物资源恢复效果的评价指标。生物多样性指数选择在鱼类及其他水生生物资源评估领域广泛应用的香农-维纳多样性指数表征。

3.2.1.2 社会经济效益指标

水库生态调度在改善河流生态环境的同时应兼顾对社会和经济的效益，增加工程经济效益，同时发挥社会效益，社会效益包括防洪、生活供水、农业灌溉等。另外，水库生态调度用水使发电水头降低，不可避免地产生弃水，对水库发电量造成损失。除此之外，生态调度后带来的水产效益、娱乐景观、公众的认可情况等，也是水库生态调度的效益体现。

1. 防洪

防洪是水库的主要功能目标之一，由于我国的气候特点，以促进鱼类繁殖为目标的生态调度的最佳时期往往也是水库水位消落期，考虑到水库防洪调度的不确定性，因此必须在汛期到来之前腾出足够的防洪库容，而调度中生态因子的加入，必然会改变水库常规水位消落过程，进而可能对流域防洪产生影响。因此选择生态调度期水位消落速度作为库区防洪安全评价指标。另外，水库生态调度的下泄流量也应以下游防洪安全为前提，流量不宜过大，故选取下游防洪安全度为下游防洪安全评价指标。

2. 发电

生态调度与发电调度之间存在一定的制约因素，主要表现为生态调度会影响电站运行出力以及调峰总量[23]，因而可能造成发电量的损失。因此选取发电损失量作为生态调度对发电影响的关键指标。

3. 航运

水电站对下游河道航运的影响主要体现为对河道水位和流速的影响，生态调度导致的水库出流过程改变可能会引起下游河道的水位和流速波动，尤其是水位变幅直接关系河道航运安全。因此，选择水位变幅作为评价生态调度对航运影响的指标。

4. 供水

水库作为调节水资源时空分布不均的主要载体，承担着供水的重要任务。生态调度可能会需要动用水库的部分库容，因此与水库的供水任务之间存在一定的制约关系，故而选择供水保证率作为评价生态调度对水库供水功能影响的评价指标。

5. 景观

水库生态调度可在一定程度上改善河流生态景观。河流生态系统景观具有很大的休闲娱乐功能，促进人与自然的和谐相处。选取景观舒适度改善状况、公众满意度作为评价指标。

3.2.2 水库生态调度效果评价指标体系层次结构

本书在对水库生态调度效果各目标层、准则层评价指标进行

第 3 章 水库生态调度效果评价技术与应用

筛选,最终确立和构建了水库生态调度效果评价指标体系,见表 3.1。

表 3.1　　水库生态调度效果评价指标体系

目标层	准则层	指标层 一级指标	指标层 二级指标
水库生态调度效果 A1	生态环境效益 B1	水文 C1	生态流量达标率 D1
			涨水持续时间适宜度 D2
			涨水断面初始流量适宜度 D3
			涨水断面洪峰流量适宜度 D4
			流量日增长率适宜度 D5
			库水位日变幅适宜度 D6
		水质 C2	水温适宜度 D7
			气体过饱和改善度 D8
			溶解氧含量改善度 D9
			叶绿素 a 浓度改善度 D10
			总磷浓度改善度 D11
			总氮浓度改善度 D12
			氨氮浓度改善度 D13
			氯化物浓度改善度 D14
		泥沙 C3	水库排沙比增加率 D15
			库尾泥沙冲刷量增加率 D16
		水生生物 C4	生物多样性指数恢复度 D17
			调度目标鱼类产卵量恢复度 D18
			生态调度期间鱼类繁殖规模占整个繁殖期比例 D19
	社会经济效益 B2	防洪 C5	库区防洪安全度 D20
			下游防洪安全度 D21
		发电 C6	发电损失量 D22
		航运 C7	航运安全度 D23
		供水 C8	供水保证率 D24
		景观 C9	公众满意度 D25

3.2.3 针对不同调度目标的评价指标的选择

考虑到不同的调度目标,影响其调度效果的决定性指标不尽相同,针对水量调度、水质调度、泥沙调度、水生物调度、压咸调度及其他目标(景观调度等),选取的关键指标参照表3.2。

表3.2　　　　　　　不同调度目标评价指标的选择

评价指标	生态需水	泥沙	水质-水华	水质-气体过饱和	压咸	鱼类-产漂流性卵鱼类	鱼类-产黏沉性卵鱼类
生态流量达标率 D1	√						
涨水持续时间适宜度 D2						√	
涨水断面初始流量适宜度 D3						√	
涨水断面洪峰流量适宜度 D4						√	
流量日增长率适宜度 D5						√	
库水位日变幅适宜度 D6							√
水温适宜度 D7			√			√	
气体过饱和改善度 D8				√			
溶解氧含量改善度 D9			√				
叶绿素 a 浓度改善度 D10			√				
总磷浓度改善度 D11			√				
总氮浓度改善度 D12			√				
氨氮浓度改善度 D13			√				
氯化物浓度改善度 D14					√		
水库排沙比增加率 D15		√					
库尾泥沙冲刷量增加率 D16		√					
生物多样性指数恢复度 D17	√						
调度目标鱼类产卵量恢复度 D18						√	√
生态调度期间鱼类繁殖规模占整个繁殖期比例 D19						√	√

81

续表

评价指标	生态需水	泥沙	水质 水华	水质 气体过饱和	水质 压咸	鱼类 产漂流性卵鱼类	鱼类 产黏沉性卵鱼类
库区防洪安全度 D20		√		√			√
下游防洪安全度 D21		√	√	√	√	√	
发电损失量 D22	√	√	√	√		√	√
航运安全度 D23		√	√				
供水保证率 D24	√	√	√		√	√	√
公众满意度 D25	√	√	√				

3.2.4 水库生态调度效果评价指标概念及计算方法

为了完善并更好地适用该水库生态调度效果评价指标体系，对水库生态调度的效果进行了评估，首先确定该调度工程的目标，然后从对该调度效果的两个维度（参照表3.1），即生态环境效益指标、社会经济效益指标中选取一级指标与二级指标。以下是对各评价指标的详细解释。

1. 生态流量达标率 D1

（1）概念：代表监测断面生态流量达标断面达标天数所占比例，反映水工程调控等对维持河流基本形态和基本生态功能的流量的综合影响。

（2）计算方法：生态流量达标率＝调度期流量达到生态流量的天数/调度总持续天数×100%。

（3）赋分标准：根据待评价断面生态流量达标率的计算结果，将生态流量达标情况赋予 0~100 的分值，即生态流量达标率得分＝生态流量达标率×100。

2. 涨水持续时间适宜度 D2

（1）概念：生态调度涨水持续时间对于鱼类繁殖的适宜度指数，表征目标鱼类繁殖对调度涨水持续时间的偏好程度。

（2）计算方法：涨水持续时间适宜度计算首先需确定目标鱼

类；其次建立目标鱼类繁殖行为与调度涨水持续时间的响应关系曲线即适宜度指数曲线；第三根据适宜度指数曲线计算待评价生态调度涨水持续时间的适宜度指数，即涨水持续时间适宜度＝涨水持续时间适宜度指数。

（3）赋分标准：根据待评价生态调度涨水持续时间适宜度的计算结果，将涨水持续时间适宜度情况赋予0～100的分值，即涨水持续时间适宜度得分＝涨水持续时间适宜度×100。

3. 涨水断面初始流量适宜度 $D3$

（1）概念：生态调度涨水断面初始流量对于鱼类繁殖的适宜度指数，表征目标鱼类繁殖对调度涨水断面初始流量的偏好程度。

（2）计算方法：涨水断面初始流量适宜度计算与涨水持续时间类似，需根据目标鱼类，计算待评价生态调度涨水断面初始流量的适宜度指数，涨水断面初始流量适宜度＝涨水断面初始流量适宜度指数。

（3）赋分标准：根据待评价生态调度涨水断面初始流量的计算结果，将涨水断面初始流量适宜度情况赋予0～100的分值，即涨水断面初始流量适宜度得分＝涨水断面初始流量适宜度×100。

4. 涨水断面洪峰流量适宜度 $D4$

（1）概念：生态调度涨水断面洪峰流量对于鱼类繁殖的适宜度指数，表征目标鱼类繁殖对调度涨水断面洪峰流量的偏好程度。

（2）计算方法：涨水断面洪峰流量适宜度计算同样需根据目标鱼类，计算待评价生态调度涨水断面洪峰流量的适宜度指数，涨水断面洪峰流量适宜度＝涨水断面洪峰流量适宜度指数。

（3）赋分标准：根据待评价生态调度涨水断面洪峰流量的计算结果，将涨水断面洪峰流量适宜度情况赋予0～100的分值，即涨水断面洪峰流量适宜度得分＝涨水断面洪峰流量适宜度×100。

5. 流量日增长率适宜度 $D5$

（1）概念：生态调度流量日增长率对于鱼类繁殖的适宜度指数，表征目标鱼类繁殖对调度流量日增长率的偏好程度。

（2）计算方法：流量日增长率适宜度计算同样需根据目标鱼类，计算待评价生态调度流量日增长率的适宜度指数，流量日增长率适宜度＝流量日增长率适宜度指数。

（3）赋分标准：根据待评价生态调度流量日增长率的计算结果，将流量日增长率适宜度情况赋予 0～100 的分值，即流量日增长率适宜度得分＝流量日增长率适宜度×100。

6. 库水位日变幅适宜度 $D6$

（1）概念：生态调度库水位日变幅对于鱼类繁殖的适宜度指数，表征目标鱼类繁殖及鱼卵孵化活动对调度库水位日变幅的偏好程度。

（2）计算方法：库水位日变幅适宜度计算同样需根据目标鱼类，计算待评价生态调度库水位日变幅的适宜度指数，库水位日变幅适宜度＝库水位日变幅适宜度指数。

（3）赋分标准：根据待评价生态调度库水位日变幅的计算结果，将库水位日变幅适宜度情况赋予 0～100 的分值，即库水位日变幅适宜度得分＝库水位日变幅适宜度×100。

7. 水温适宜度 $D7$

（1）概念：水温对于藻类生长或鱼类繁殖等水生生物活动的适宜度指数，表征藻类或鱼类等水生生物对水温的偏好程度。

（2）计算方法：水温适宜度计算首先需确定调度目标，其次需建立调度目标生物行为（如藻类生长或鱼类繁殖）与水温之间的响应关系曲线即水温适宜度指数曲线，最后根据水温适宜度指数曲线计算待评价水温的适宜度指数，即水温适宜度＝水温适宜度指数。

（3）赋分标准：根据待评价水温的计算结果，将水温适宜度情况赋予 0～100 的分值，即水温适宜度得分＝水温适宜度×100。

8. 气体过饱和改善度 $D8$

（1）概念：生态调度后气体饱和度与鱼类适宜气体饱和度的接近程度，反映生态调度对于水体气体过饱和的改善程度。

（2）计算方法：

$$DG_{imp} = \begin{cases} 1 - \dfrac{DG_{ope} - DG_{max}}{DG_{ope}}, & DG_{ope} > DG_{max} \\ 100\%, & DG_{min} \leqslant DG_{ope} \leqslant DG_{max} \\ 1 - \dfrac{DG_{min} - DG_{ope}}{DG_{ope}}, & DG_{ope} < DG_{min} \end{cases}$$

式中：DG_{imp} 为气体过饱和改善程度；DG_{ope} 为水库调度后的气体饱和度；DG_{max} 为鱼类适宜的气体饱和度上限；DG_{min} 为鱼类适宜的气体饱和度下限。

（3）赋分标准：根据气体过饱和的计算结果，将水温适宜度情况赋予 0~100 的分值，即气体过饱和改善度得分＝气体过饱和改善度×100。

9. 溶解氧含量改善度 D9

（1）概念：生态调度后溶解氧含量与水体正常状态下溶解氧含量的接近程度，反映生态调度对于水体溶解氧含量的改善程度。

（2）计算方法：溶解氧含量改善度＝1－|调度后溶解氧含量－水体正常状态下溶解氧含量|/水体正常状态下溶解氧含量×100%。

（3）赋分标准：根据溶解氧含量改善度的计算结果，将溶解氧含量改善度情况赋予 0~100 的分值，即溶解氧含量改善度得分＝溶解氧含量改善度×100。

10. 叶绿素 a 浓度改善度 D10

（1）概念：生态调度后叶绿素 a 浓度与水体正常状态下叶绿素 a 浓度的接近程度，反映生态调度对于叶绿素 a 浓度的改善程度。

（2）计算方法：叶绿素 a 浓度改善度＝1－|调度后叶绿素 a 浓度－水体正常状态下叶绿素 a 浓度|/水体正常状态下叶绿素 a 浓度×100%。

（3）赋分标准：根据叶绿素 a 浓度改善度的计算结果，将叶绿素 a 浓度改善度情况赋予 0~100 的分值，即叶绿素 a 浓度改善度得分＝叶绿素 a 浓度改善度×100。

11. 总磷浓度改善度 D11

（1）概念：生态调度后控制断面总磷浓度与水质标准的接近程

度，反映生态调度对于水体水质的改善程度。

(2) 计算方法：

$$TP_{imp} = \begin{cases} 1 - \dfrac{TP_{ope} - TP_{max}}{TP_{ope}}, & TP_{ope} > TP_{max} \\ 100\%, & TP_{min} \leqslant TP_{ope} \leqslant TP_{max} \\ 1 - \dfrac{TP_{min} - TP_{ope}}{TP_{ope}}, & TP_{ope} < TP_{min} \end{cases}$$

式中：TP_{imp} 为总磷浓度的改善程度；TP_{ope} 为水库调度后的目标水体的总磷浓度；TP_{max} 为水体执行水质标准中总磷的上限阈值；TP_{min} 为水体执行水质标准中总磷的下限阈值。

《地表水环境质量标准》（GB 3838—2002）中总磷的标准限值如表3.3所示。

表3.3　　　　　总磷标准限值

分类	Ⅰ类	Ⅱ类	Ⅲ类	Ⅳ类	Ⅴ类
总磷/(mg/L)	≤0.01	≤0.025	≤0.05	≤0.1	≤0.2

(3) 赋分标准：根据总磷浓度改善度的计算结果，将总磷浓度改善度情况赋予0~100的分值，即总磷浓度改善度得分＝总磷浓度改善度×100。

12. 总氮浓度改善度 D12

(1) 概念：生态调度后控制断面总氮浓度与水质标准的接近程度，反映生态调度对于水体水质的改善程度。

(2) 计算方法：

$$TN_{imp} = \begin{cases} 1 - \dfrac{TN_{ope} - TN_{max}}{TN_{ope}}, & TN_{ope} > TN_{max} \\ 100\%, & TN_{min} \leqslant TN_{ope} \leqslant TN_{max} \\ 1 - \dfrac{TN_{min} - TN_{ope}}{TN_{ope}}, & TN_{ope} < TN_{min} \end{cases}$$

式中：TN_{imp} 为总氮浓度的改善程度；TN_{ope} 为水库调度后的目标水体的总氮浓度；TN_{max} 为水体执行水质标准中总氮的上限阈值；

TN_{min} 为水体执行水质标准中总氮的下限阈值。

《地表水环境质量标准》(GB 3838—2002) 中总氮的标准限值如表 3.4 所示。

表 3.4　　　　　总 氮 标 准 限 值

分类	Ⅰ类	Ⅱ类	Ⅲ类	Ⅳ类	Ⅴ类
总氮/(mg/L)	≤0.2	≤0.5	≤1	≤1.5	≤2

(3) 赋分标准：根据总氮浓度改善度的计算结果，将总氮浓度改善度情况赋予 0~100 的分值，即总氮浓度改善度得分＝总氮浓度改善度×100。

13. 氨氮浓度改善度 D13

(1) 概念：生态调度后控制断面氨氮浓度与水质标准的接近程度，反映生态调度对于水体水质的改善程度。

(2) 计算方法：

$$NH_{imp} = \begin{cases} 1 - \dfrac{NH_{ope} - NH_{max}}{NH_{ope}}, & NH_{ope} > NH_{max} \\ 100\%, & NH_{min} \leqslant NH_{ope} \leqslant NH_{max} \\ 1 - \dfrac{NH_{min} - NH_{ope}}{NH_{ope}}, & NH_{ope} < NH_{min} \end{cases}$$

式中：NH_{imp} 为氨氮浓度的改善程度；NH_{ope} 为水库调度后的目标水体的氨氮浓度；NH_{max} 为水体执行水质标准中氨氮的上限阈值；NH_{min} 为水体执行水质标准中氨氮的下限阈值。

《地表水环境质量标准》(GB 3838—2002) 中氨氮的标准限值如表 3.5 所示。

表 3.5　　　　　氨 氮 标 准 限 值

分类	Ⅰ类	Ⅱ类	Ⅲ类	Ⅳ类	Ⅴ类
氨氮/(mg/L)	≤0.15	≤0.5	≤1	≤1.5	≤2

(3) 赋分标准：根据氨氮浓度改善度的计算结果，将氨氮浓度改善度情况赋予 0~100 的分值，即氨氮浓度改善度得分＝氨氮浓度改善度×100。

14. 氯化物浓度改善度 $D14$

(1) 概念：生态调度后氯化物浓度与水体正常状态下氯化物浓度的接近程度，反映生态调度对于河口咸潮上溯的改善程度。

(2) 计算方法：氯化物浓度改善度＝1－|调度后氯化物浓度－水体正常状态下氯化物浓度|/水体正常状态下氯化物浓度×100%。

(3) 赋分标准：根据氯化物浓度改善度的计算结果，将氯化物浓度改善度情况赋予 0～100 的分值，即氯化物浓度含量改善度得分＝氯化物浓度改善度×100。

15. 水库排沙比增加率 $D15$

(1) 概念：调度后水库排沙比相对于未开展生态调度时水库历史同期排沙比的增加率。

(2) 计算方法：水库排沙比增加率＝(调度后水库排沙比－未开展生态调度时水库历史同期排沙比)/未开展生态调度时水库历史同期排沙比×100%。

(3) 赋分标准：根据水库排沙比增加率的计算结果，将水库排沙比增加率情况赋予 0～100 的分值，即当水库排沙比增加率小于 100%时，水库排沙比增加率得分＝水库排沙比增加率×100，当水库排沙比增加率大于等于 100%时，水库排沙比增加率得分为满分 100。

16. 库尾泥沙冲刷量增加率 $D16$

(1) 概念：调度后库尾泥沙冲刷量相对于未开展生态调度时水库历史同期库尾泥沙冲刷量的增加率。

(2) 计算方法：库尾泥沙冲刷量增加率＝(调度后库尾泥沙冲刷量－未开展生态调度时水库历史同期库尾泥沙冲刷量)/未开展生态调度时水库历史同期库尾泥沙冲刷量×100%。

(3) 赋分标准：根据库尾泥沙冲刷量增加率的计算结果，将库尾泥沙冲刷量增加率情况赋予 0～100 的分值，即当库尾泥沙冲刷量增加率小于 100%时，库尾泥沙冲刷量增加率得分＝库尾泥沙冲刷量增加率×100，当库尾泥沙冲刷量增加率大于等于 100%时，库尾泥沙冲刷量增加率得分为满分100。

17. **生物多样性指数恢复度 D17**

（1）概念：调度后生物多样性指数占水库建设前生物多样性指数的比例，反映生态调度后生物多样性的恢复情况。

（2）计算方法：生物多样性指数恢复度＝调度后香农-维纳多样性指数/水库建设前香农-维纳多样性指数×100%。

（3）赋分标准：根据生物多样性指数恢复度的计算结果，将生物多样性指数恢复度情况赋予0～100的分值，即生物多样性指数恢复度得分＝生物多样性指数恢复度×100。

18. **调度目标鱼类产卵量恢复度 D18**

（1）概念：与前 n 年相比本年度鱼类产卵量增加比例，反映生态调度后鱼类产卵量的增长情况。

（2）计算方法：鱼类产卵量增加比例＝（本年度鱼类产卵量－前 n 年鱼类年均产卵量）/前 n 年鱼类年均产卵量×100%；n 为调度目标鱼类的平均性成熟时间。

（3）赋分标准：根据鱼类产卵量恢复度的计算结果，将鱼类产卵量恢复度情况赋予0～100的分值，考虑到鱼类种群的环境容纳量具有一定的限值，因此赋分标准如下：当本年度鱼类产卵量大于水库建成前鱼类产卵量，或鱼类产卵量增加比例大于100%时，鱼类产卵量增加比例得分为100；当鱼类产卵量增加比例在0%～100%之间时，鱼类产卵量增加比例得分＝鱼类产卵量增加比例×100；当鱼类产卵量不增反降时，得分为0。

19. **生态调度期间鱼类繁殖规模占整个繁殖期比例 D19**

（1）概念：生态调度期间鱼类繁殖规模占整个繁殖期的比例，反映生态调度对鱼类繁殖行为的促进情况。

（2）计算方法：生态调度期间鱼类繁殖规模占整个繁殖期的比例＝生态调度期间鱼类繁殖规模/整个繁殖期鱼类繁殖规模×100%。

（3）赋分标准：根据生态调度期间鱼类繁殖规模占整个繁殖期比例的计算结果，将生态调度期间鱼类繁殖规模占整个繁殖期比例情况赋予0～100的分值，考虑到生态调度期占整个鱼类繁殖期的比例较小,因此当生态调度期间鱼类产卵量占整个繁殖期比例大于50%时得分即为满分,当占比小于等于50%时,生态调度期间鱼类繁殖规模占整个繁殖期比例得分=生态调度期间鱼类繁殖规模占整个繁殖期的比例×200。

20. 库区防洪安全度 $D20$

(1) 概念:生态调度期间水位消落速度对库区防洪设计消落速度要求的满足程度,反映生态调度库水位变化过程是否满足库区防洪安全要求。

(2) 计算方法:库区防洪安全度=调度期水位消落速度超过防洪安全约束的天数/调度总天数×100%。

(3) 赋分标准:根据库区防洪安全度的计算结果,将库区防洪安全度情况赋予 0~100 的分值,即库区防洪安全度得分=库区防洪安全度×100。

21. 下游防洪安全度 $D21$

(1) 概念:生态调度期间水库下泄流量对下游设计防洪安全流量的满足程度,反映生态调度下泄流量变化过程是否满足下游防洪安全要求。

(2) 计算方法:下游防洪安全度=调度期超过防洪安全流量的天数/调度总天数×100%。

(3) 赋分标准:根据下游防洪安全度的计算结果,将下游防洪安全度情况赋予 0~100 的分值,即下游防洪安全度得分=下游防洪安全度×100。

22. 发电损失量 $D22$

(1) 概念:生态调度期与旬内非生态调度期相比的发电损失量,反映生态调度对发电的影响程度。

(2) 计算方法:发电损失量=(生态调度期日均发电量-旬内非生态调度期日均发电量)/旬内非生态调度期发电量。

(3) 赋分标准:发电损失量超过 50%,得分为 0,发电损失量在 50%~0% 之间按 0~100 赋分,发电损失量小于 0% 时,得分为 100。

23. 航运安全度 D23

（1）概念：生态调度期间水库下泄流量和水位变幅对航运安全要求的满足程度。

（2）计算方法：航运安全度＝调度期下泄流量或水位变幅超过航运安全约束的天数/调度总天数×100％。

（3）赋分标准：根据下游航运安全度的计算结果，将下游防洪安全度情况赋予 0～100 的分值，即下游航运安全度得分＝下游航运安全度×100。

24. 供水保证率 D24

（1）概念：水库对于灌溉供水、城市供水等供水安全的保证度。

（2）计算方法：供水保证率＝实际供水量/需水量×100％

（3）赋分标准：水库供水保证率一般按照95％设计，因此供水保证度大于等于95％时，根据下游防洪安全度的计算结果，将下游防洪安全度情况赋予 0～100 的分值，即下游防洪安全度得分＝下游防洪安全度×100。

25. 公众满意度 D25

（1）概念：公众对生态调度后的生态景观情况满意度。

（2）计算方法及赋分标准：采用问卷调查方法，了解调度工程影响区域内的居民或游客等相关人员对工程生态调度效果的满意度情况，给出 1～100 的满意度分值。

3.2.5 水库生态调度效果评价指标权重计算方法

水库生态调度效果评价指标权重计算中综合考虑层次分析法与专家打分熵权法，在主观权重系数与客观权重系数确定的基础上，计算各指标的综合权重，详见 2.2.6 节。

3.3 三峡水库生态调度实践开展情况及其效果评价

三峡水库位于长江干流，是长江上游干流控制性梯级水库的最末一级。作为现今世界上最大的水利枢纽工程，三峡水库集防洪、发电、航运和水资源利用等综合效益于一体，是治理、开发和保护长江的关键性骨干工程。同时，三峡工程的运行，对长江河流生态系统也产生了诸多影响。三峡工程在设计时就已对工程运行可能对生态环境影响进行了较为详细地分析[52]，三峡工程的不利生态环境的影响主要涉及库尾泥沙淤积、库区水体富营养化以及控制河段鱼类繁殖规模下降等。

3.3.1 三峡水库生态调度实践开展情况

为减缓水库建设对生态环境的不利影响，三峡水库积极开展生态调度工作，自2011年起，三峡水库至今已经连续12年开展面向四大家鱼等产漂流性卵鱼类自然繁殖的生态调度试验，特别是2017年之后，基于三峡水库生态调度的成功经验，又将生态调度范围拓展至金沙江下游，开展溪洛渡-向家坝-三峡联合生态调度试验；2012年、2013年、2015年、2019年，三峡水库实施了库尾减淤生态调度试验；2019年，三峡水库开展了面向防控支流水华的生态调度；2020年开始，三峡水库启动了针对产黏沉性卵鱼类的生态调度。综上，目前三峡水库已开展了针对产漂流性卵鱼类、产黏沉性卵鱼类、库尾减淤、水库防控支流水华等的生态调度工作，但目前的生态调度工作尚处于试验阶段，亟须通过科学的调度效果评估指导三峡生态调度优化。三峡水库生态调度开展情况如图3.1所示。

图3.1 三峡水库生态调度开展情况

3.3.1.1 针对产漂流卵鱼类的生态调度

（1）调度原理：前期相关监测与研究结果显示，产漂流性卵鱼类的产卵活动一般伴随涨水过程进行，江水涨水持续时间越长，鱼类产卵持续时间相应延长，且卵苗数量与江水涨水持续时间、水位日上涨率、流量日上涨率等水文条件密切相关。溪洛渡、向家坝、三峡水库生态调度是在向家坝、三峡水库下游江段水温达到18℃以上（产漂流性卵鱼类最低产卵水温为18℃，最适宜温度为20~24℃），在产漂流性卵鱼类（四大家鱼、铜鱼等）的产卵期，通过对溪洛渡、向家坝、三峡梯级水库的调度，持续增加水库出库流量，人工创造出适宜产漂流性卵鱼类产卵繁殖的持续涨水过程。

（2）调度实践：2011—2022年，三峡工程共实施了18次针对葛洲坝下游四大家鱼繁殖的生态调度试验，其中2012年、2015年、2017年、2018年、2021年、2022年各实施2次，其余年份各实施1次。2017年开始，生态调度范围拓展至金沙江下游，开展溪洛渡-向家坝-三峡联合生态调度试验。

3.3.1.2 针对产黏沉性卵鱼类的生态调度

三峡库区鲤、鲫等产黏沉性卵鱼类的产卵高峰期在4月，其中鲤鱼适宜产卵水温为17~23℃，鲫鱼为22~25℃。三峡库区每年在3—6月处于水位消落期，若水位下降过快可能会影响部分支流回水区产黏沉性卵鱼类的繁殖和早期孵化，需要通过三峡水库的水位优化调度来减少这种不利影响。

（1）调度原理：根据前期监测结果，三峡水库鲤鱼和鲫鱼的最大产卵水深为0.8m，适宜产卵水深为0.5~0.6m。三峡水库鲤鱼的孵出时间为50小时（约2天），鲫鱼为100小时（约4天）。因此，开展生态调度试验的持续时间不少于4天，且每天水位下降的幅度按不超过0.2m控制，为产黏沉性卵鱼类繁殖创造有利条件。

（2）调度实践：2020—2022年，三峡水库实施了以促进库区产黏沉性卵鱼类自然繁殖为目标的生态调度试验，通过减缓库区水位逐日消落速度以提高在浅水沿岸带水草上产卵鱼类的鱼卵成活率,降低三峡水库水位消落过程对产黏沉性卵鱼类影响。

3.3.1.3 针对三峡库尾减淤的生态调度

(1)调度原理:三峡水库蓄水后,重庆主城区的主要走沙期也由当年的9—10月过渡到了次年消落期4—6月。在消落期,三峡库水位在162.00m左右,寸滩流量大于6000m³/s,通过科学调控水库水位流量来促进库尾走沙。

(2)调度实践:2012年、2013年、2015年、2019年、2022年,三峡水库实施了针对三峡库尾减淤的生态调度实践。

3.3.1.4 三峡水库防控支流水华生态调度

(1)调度原理:水动力是三峡水库支流库湾水华发生的诱因之一。在水华发生期间,支流库湾均存在一定程度的异重流。汛期结合中小洪水调度,通过控制三峡库水位"抬升—稳定—下降",扩大异重流对支流库湾的影响范围,打破库湾水动力、营养盐等空间"分区"特性,缓解并控制水华的形成。

(2)调度实践:2019年7月18日,三峡水库迎来一次明显涨水过程,25日洪峰流量达到42500m³/s,结合中小洪水调度,实施了三峡水库首次防控支流水华生态调度试验,调度过程如图3.2和表3.6所示。

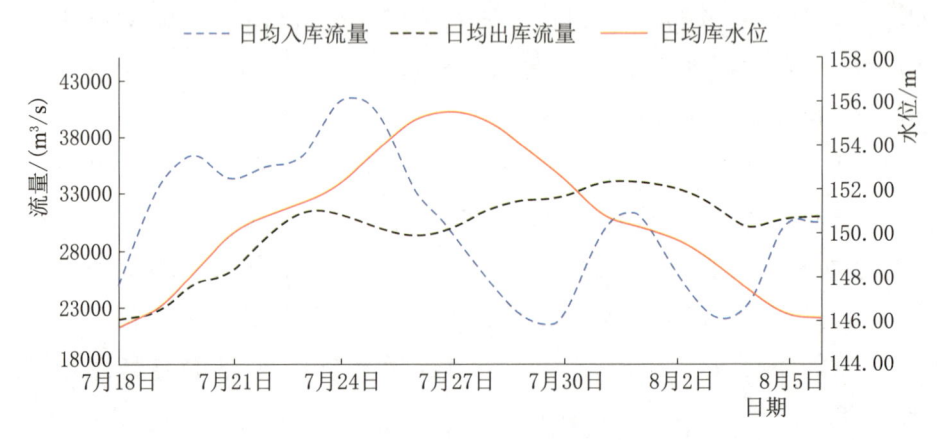

图3.2 2019年三峡水库防控支流水华生态调度过程

表 3.6　2019 年三峡水库防控支流水华生态调度过程

阶段	抬升		稳定		下降	
时间段/(月-日)	07-18—07-25		07-26—07-28		07-29—08-06	
持续时间/d	8		3		9	
时段始末水位/m	145.71	153.80	155.13	155.11	153.90	146.05
水位变化/m	+8.09		−0.02		−7.85	

3.3.2　面向四大家鱼繁殖三峡水库生态调度效果评估体系

综合分析三峡水库生态调度实践情况，面向产漂流性卵鱼类繁殖的生态调度是三峡目前开展次数最多、时间序列最长的调度实践，同时此类调度也是国内外生态调度研究和实践中最为关注的热点和焦点，因此本书以面向四大家鱼繁殖的生态调度为例，遴选指标，构建了面向四大家鱼繁殖的生态调度效果评价指标体系，评估了三峡水库历年的生态调度效果。

3.3.2.1　面向四大家鱼繁殖的生态调度效果评价指标筛选

四大家鱼作为长江中下游生态系统的代表性物种，也是受三峡水库运行影响较大的物种[53]。研究表明，三峡水库建成后坝下涨水过程和水温变化对四大家鱼的繁殖活动产生了显著影响。四大家鱼自然繁殖时期为每年的 5—6 月，最低水温为 18℃，水温低于 18℃，则繁殖活动被迫终止，受三峡水库春季低温水下泄影响，四大鱼类的产卵繁殖期出现明显的滞后效应，滞后时间推迟约 20 天左右。另外，涨水率、涨水持续时间等水文节律指标是影响鱼类繁殖的关键指标，水库建成后水文过程的坦化，弱化了鱼类繁殖的刺激信号，同样对四大家鱼的繁殖活动产生了不利影响。

结合上述认知，参照表 3.2，选取了三峡水库针对四大家鱼产卵的生态调度效果评价的关键指标（表 3.7）。

表 3.7 面向四大家鱼繁殖的三峡水库生态调度效果评价指标

目标层	准则层	指标层 一级指标	指标层 二级指标
水库生态调度效果 A1	生态环境效益 B1	水文 C1	涨水持续时间适宜度 D1
			涨水断面初始流量适宜度 D2
			涨水断面洪峰流量适宜度 D3
			流量日增长率适宜度 D4
		水质 C2	水温适宜度 D5
		水生生物 C3	调度目标鱼类产卵量恢复度 D6
			生态调度期间鱼类繁殖规模占整个繁殖期比例 D7
	社会经济效益 B2	防洪 C4	下游防洪安全度 D8
		发电 C5	发电损失量 D9
		航运 C6	航运安全度 D10

3.3.2.2 面向四大家鱼繁殖的三峡水库生态调度效果评价指标权重

指标权重值应该由该指标相对于总目标的重要性来定。因此，本书采用 2.2.6 节中介绍的层次分析法计算准则层中生态环境效益、社会经济效益，以及下级指标的权重系数。

1. 水库生态调度效果 A1 下级指标权重

在三峡水库四大家鱼生态调度的两个准则层中，生态环境效益是首要目标，占绝对优先地位，其次才是社会经济效益，基于上述认知，建立判断矩阵，见表 3.8，并计算各因素权重。

表 3.8 水库生态调度效果指标判断矩阵 $A1-B$

水库生态调度效果 A1	B1	B2
B1	1	4
B2	1/4	1

经由式（2.25）～式（2.27）计算得权重向量：$W' = (0.8, 0.2)^T$。

2. 水库生态环境效益 B1 下级指标权重

由于那些水库生态调度的主要目标是面向四大家鱼的繁殖，因此水生生物是最关键的目标，基于上述认知，建立判断矩阵，见表 3.9，并计算各因素权重。

表 3.9　　一级指标判断矩阵 $B1-C$

水库生态环境效益 $B1$	$C1$	$C2$	$C3$
$C1$	1	2	1/2
$C2$	1/2	1	1/4
$C3$	2	4	1

经由式（2.25）~式（2.27）计算得权重向量：$W' = (0.2857, 0.1429, 0.5714)^T$。

3. 水库社会经济效益 $B2$ 下级指标权重

社会经济效益中，防洪和发电是三峡水库的首要调度目标，由此建立判断矩阵，并计算各因素权重（表 3.10）。

表 3.10　　一级指标判断矩阵 $B2-C$

水库社会经济效益 $B2$	$C4$	$C5$	$C6$
$C4$	1	1	3
$C5$	1	1	3
$C6$	1/3	1/3	1

经由式（2.25）~式（2.27）计算得权重向量：$W' = (0.4286, 0.4286, 0.1429)^T$。

4. 水文 $C1$ 下级指标权重

各水文指标按相同重要度考虑，由此建立判断矩阵，并计算各因素权重（表 3.11）。

表 3.11　　水文指标判断矩阵 $C1-D$

水文 $C1$	$D1$	$D2$	$D3$	$D4$
$D1$	1	1	1	1
$D2$	1	1	1	1
$D3$	1	1	1	1
$D4$	1	1	1	1

经由式（2.25）～式（2.27）计算得权重向量：$W' = (0.25, 0.25, 0.25, 0.25)^T$。

5. 水生生物 C3 下级权重

水生生物指标中，生态调度期间鱼类产卵量占整个繁殖期总产卵量比值能够最直观地反映本年度生态调度效果，应赋予其更高的重要度，由此建立判断矩阵，并计算各因素权重（表3.12）。

表3.12　　　　水生生物指标判断矩阵 C3 - D

水生生物 C3	D6	D7
D6	1	1/2
D7	2	1

经由式（2.25）～式（2.27）计算得权重向量：$W' = (0.3333, 0.6667)^T$。

计算得到三峡水库生态调度效果评价各层级指标权重和总权重值，结果如表3.13所示。在面向四大家鱼繁殖的三峡水库生态调

表3.13　　面向四大家鱼繁殖的三峡水库生态调度效果评价指标权重汇总表

目标层	准则层	权重	一级指标	权重	二级指标	权重	总权重
水库生态调度效果 A1	生态环境效益 B1	0.8	水文 C1	0.2857	涨水持续时间适宜度 D1	0.25	0.0571
					涨水断面初始流量适宜度 D2	0.25	0.0571
					涨水断面洪峰流量适宜度 D3	0.25	0.0571
					流量日增长率适宜度 D4	0.25	0.0571
			水质 C2	0.1429	水温适宜度 D5	1	0.1143
			水生生物 C3	0.5714	调度目标鱼类产卵量恢复度 D6	0.3333	0.1524
					生态调度期间鱼类繁殖规模占整个繁殖期比例 D7	0.6667	0.3048
	社会经济效益 B2	0.2	防洪 C4	0.4286	下游防洪安全度 D8	1	0.0857
			发电 C5	0.4286	发电损失量 D9	1	0.0857
			航运 C6	0.1429	航运安全度 D10	1	0.0286

度效果评价中，生态环境效益是评价调度效果的重要依据，相对于社会经济效益占主导地位。在众多生态环境效益指标中，水生生物指标是最直观反映生态调度效果的指标，权重占比57.14%；其次是水文指标，占比28.57%，最后是水质指标占比14.29%。从社会经济效益方面来说，三峡水库主要承担有防洪、发电、航运等任务，在生态调度过程中还应尽可能地减小对社会经济效益的影响，其中保证下游防洪安全和发电是重中之重，指标权重占比均为42.86%。航运的指标权重占比为14.29%。

3.3.2.3 面向四大家鱼繁殖的三峡水库生态调度效果评价指标计算方法

1. 水文指标得分计算方法

易伯鲁等通过调查认为，四大家鱼在江水起涨后在0.5~2天开始产卵；水位日均涨水率范围为0.12~0.36m/d；产卵持续时间都在4天以上，平均历时11天，范围在4~18天[81]。宜昌江段是三峡-葛洲坝下游最大的四大家鱼产卵场，占总产卵量比例的22%~30%，同时也是受三峡调度影响最大的产卵场，李博等[118]通过对2014—2020年四大家鱼产卵高峰期水文指标的统计分析发现，四大家鱼产卵时的流量分布范围为9400~38575m³/s，起涨流量范围为6400~18900m³/s，涨水持续时间为2~4天，洪峰流量范围为16425~32300m³/s，增长率范围为1925~4533m³/(s·d)，在此基础上提出宜昌江段适宜四大家鱼繁殖的流量范围在10000~25000m³/s，流量日增长率维持在2000m³/(s·d)以上，涨水时间维持在4天左右，有利于宜昌江段四大家鱼繁殖活动。徐薇等[119]研究认为，宜昌江段家鱼繁殖需满足的水文条件为断面初始流量达到14000m³/s，持续涨水4天以上，流量日增幅平均大于2000m³/s。王悦等[120]研究显示，流量日增长1295~2825m³/s、流量总增长7500~12670m³/s，涨水持续时间2.5天，洪峰流量与产卵规模呈J形增长，其中流量20000m³/s左右产卵量平缓增加，当流量达到30000m³/s左右时，进入剧烈增加阶段。王俊娜等[121]研究提出，有利于增加四大家鱼鱼苗丰度的涨水过程的持续时间在5~8天，

日均涨水率高于 $900\mathrm{m}^3/(\mathrm{s}\cdot\mathrm{d})$。

在上述认知的基础上，本书引入"栖息地适宜度"的概念，用以评价水文指标适宜度。HSI 是栖息地质量定量评估的经典方法，可用于建立生物对栖息地偏好与栖息地生境因子之间的定量关系，栖息地适宜度指数的数值范围在 0~1 之间，指数越靠近于 0 表示影响因子越不适宜鱼类生存，反之，越靠近于 1 表示影响因子越适宜鱼类生存。本书基于上述文献调研建立了四大家鱼对水文因子的栖息地适宜度曲线，如图 3.3 所示。根据适宜度曲线结合 3.2.4 节提出的赋分标准即可计算各水文指标的得分。

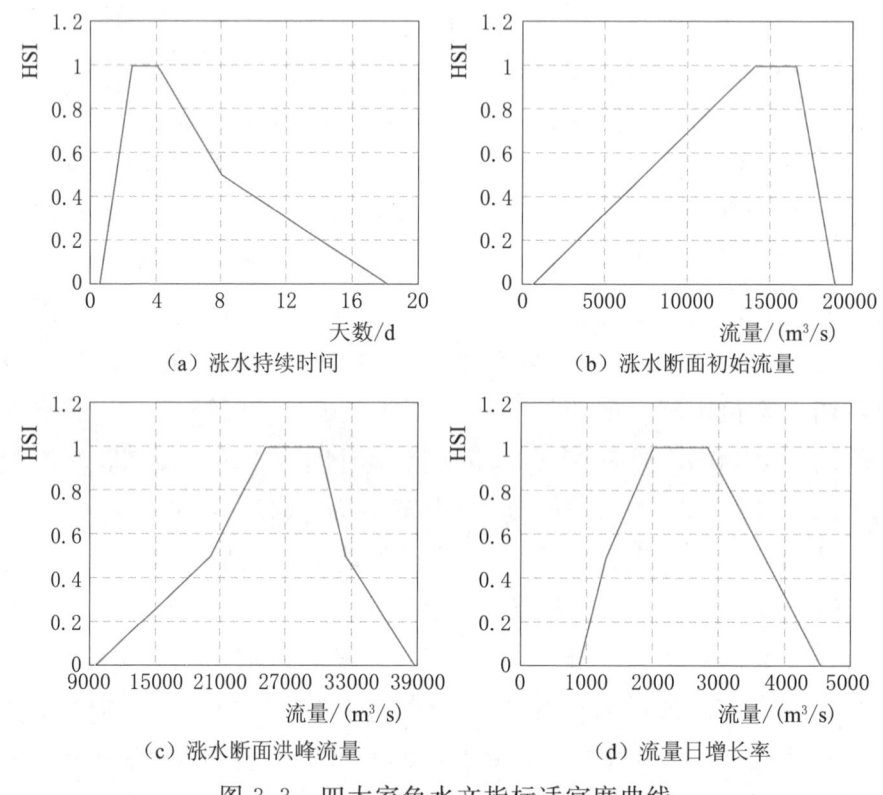

图 3.3　四大家鱼水文指标适宜度曲线

2. 水质指标得分计算方法

对于宜昌江段的四大家鱼而言，水温是影响家鱼繁殖的关键水质指标。李博等[118]基于 2014—2020 年宜昌江段四大家鱼早期资源监测情况提出，长江宜昌江段四大家鱼在水温达到 20℃以上后开始进入繁殖盛期，适宜四大家鱼繁殖的水温范围为 21.0～23.8℃。刘明典等[122] 提出的四大家鱼最适宜繁殖水温为 21.35～25.4℃。王俊娜等[121] 提出河流中适宜四大家鱼繁殖的水温范围为 20～24℃。陈永柏等[80] 总结了四大家鱼产卵与水温的关系，认为水温低于 18℃或高于 30℃会引起胚胎发育停止或产生畸形。

基于上述文献调研结果，本书绘制了四大家鱼对水文因子的栖息地适宜度曲线，如图 3.4 所示。根据适宜度曲线结合 3.2.4 节提出的赋分标准即可计算水温适宜度指标的得分。

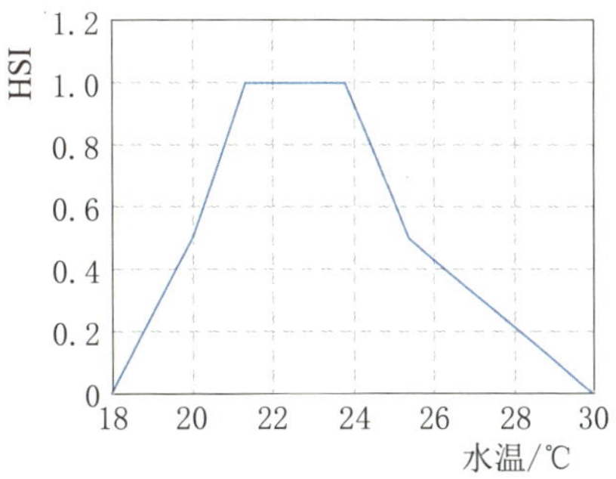

3. 水生生物指标得分计算方法

图 3.4 四大家鱼水温指标适宜度曲线

鱼类产卵量增加比例和生态调度期间鱼类繁殖规模占整个繁殖期比例两项水生生物指标的计算主要参照 3.2.4 节提出计算和赋分方法。

鱼类产卵量增加比例计算过程中首先需明确调度目标鱼类的性成熟时间。对于本书的评价对象四大家鱼而言，性成熟时间一般为 4～5 龄，因此选择 4 龄作为四大家鱼的平均性成熟时间，计算鱼类产卵量增加比例，计算公式为：鱼类产卵量增加比例＝(本年度鱼类产卵量－前 4 年鱼类年均产卵量)/前 4 年鱼类年均产卵量×100%。

鱼类产卵量增加比例在指标赋分的过程中还需明确历史上四大家鱼的产卵量。对长江干流四大家鱼自然繁殖状况的调查研究主要包括 4 个阶段，分别为摸清本底阶段（20 世纪 60 年代）、葛洲坝影响评估阶段（20 世纪 80 年代）、三峡工程建设和蓄水期影响评估阶段（1997—2010 年）、三峡工程生态调度以来监测评估阶段（2011年至今）。其中对宜昌江段[123] 和监利江段[124-125] 自然繁殖状况变化的报道较多，均得出 20 世纪 60 年代以来长江中游干流的四大家鱼繁殖规模在持续下降，20 世纪 60 年代宜昌江段四大家鱼产卵量约为 80 亿颗，至 20 世纪 80 年代三峡水库建设前，宜昌江段四大家鱼年产卵量已经下降至约 15 亿颗[123]。因此，本书以 80 亿颗作为三峡水库建成前鱼类产卵量目标值，按照 3.2.4 节提出的赋分方法，计算鱼类产卵量增加比例的指标得分。

4. 下游防洪安全指标计算方法

下游防洪安全度指标计算方法参照 3.2.4 节，其中对于三峡水库而言，下游防洪安全流量为 43000m^3/s。

5. 发电损失量计算方法

发电损失量计算方法参照 3.2.4 节。

6. 航运安全度指标计算方法

航运安全度指标计算方法参照 3.2.4 节，其中对于三峡-葛洲坝梯级水库而言，根据《三峡（正常运行期）-葛洲坝水利枢纽梯级调度规程》三峡水库最大通航流量为 56700m^3/s[126]，考虑两坝间的航运诉求和通航条件，提出三峡水库出库通航流量不宜超过 35000m^3/s，因此本书将 35000m^3/s 确定为航运安全流量。

3.3.2.4 面向四大家鱼繁殖的三峡水库生态调度效果综合评价方法

综合评价过程中首先需确定各个评价指标值，其次需要确定单因素评价隶属度向量，形成隶属度矩阵，最后给出综合评判。

1. 确定模糊综合评价因素集

第一层为准则层因素集

$$U=\{u_1,u_2\}=\{生态环境效益,社会经济效益\}$$

第二层为指标层因素集

$$U_1=\{u_{11},u_{12},u_{13}\}=\{水文,水质,水生生物\}$$

$$U_2=\{u_{21},u_{22},u_{23}\}=\{防洪,发电,航运\}$$

2. 建立评语集

首先，针对上述指标因素集的 8 个因素，评价主体对评价对象作出评价，评语＝{优秀（V_1），良好（V_2），中等（V_3），较差（V_4），很差（V_5）}＝{80，60，40，20，0}

3. 构建隶属度矩阵

结合指标体系中各指标评价标准，计算指标因素集对于评语集的模糊评价矩阵。

3.3.3 面向四大家鱼繁殖三峡水库生态调度效果评估

从 2011—2022 年，为促进四大家鱼繁殖产卵，连续 11 年先后开展了 18 次生态调度试验，结合三峡水库上游来水条件以及合适的水温条件，通过改变水库下泄流量过程，人工创造适合四大家鱼产卵繁殖所需水文条件以及水力学条件的洪峰过程。2011 年、2013 年、2014 年、2016 年、2019 年、2020 年各开展 1 次调度试验，2012 年、2015 年、2017 年、2018 年、2021 年、2022 年各开展 2 次生态调度试验。2017 年开始，生态调度试验扩展到了金沙江下游，开展了溪洛渡、向家坝、三峡梯级水库联合生态调度试验，梯级水库同步开始加大出库流量，以满足生态调度试验要求，详细生态调度实施情况和统计指标见表 3.14[118-119,127]。

表 3.14 2011—2022 年三峡水库生态调度及统计指标情况

调度年份	调度日期	涨水持续时间/d	初始流量/(m³/s)	洪峰流量/(m³/s)	流量日涨幅/(m³/s)	调度起始水温/℃	调度期产卵量/亿颗	整个繁殖期产卵量/亿颗	调度期日均发电量/(亿kW·h)	旬内其余时段日均发电量/(亿kW·h)
2011	6月16—19日	7	12000	19000	1650	22.5	0.25	0.5	3.04	2.27
2012	5月25—31日	4	18300	23800	590	21.5	0.11	0.63	2.99	3.35
2012	6月20—27日	4	12600	20400	750	23.0				
2013	5月7—14日	9	6230	16200	1130	17.5	0	0.31	2.21	2.34
2014	6月4—7日	3	14600	18500	1370	21.1	0.47	1.58	3.22	2.78
2015	6月7—10日	4	6530	19600	3140	22.0	5.7	6.01	3.54	2.21
2015	6月25—28日	3	14800	28500	1930	23.3				
2016	6月9—11日	3	14600	21500	2020	22.5	1.1	7.25	3.32	3.45
2017	5月20—25日	5	11300	18600	1350	20.3	10.8	29.34	2.91	2.69
2017	6月4—9日	6	11500	20300	1580	21.8				
2018	5月19—25日	5	11500	26200	2450	21.0	13.3	17.67	3.66	3.82
2018	6月17—20日	3	11000	16425	1150	23.5				

续表

调度年份	调度日期	涨水持续时间/d	初始流量/(m³/s)	洪峰流量/(m³/s)	流量日涨幅/(m³/s)	调度起始水温/℃	调度期产卵量/亿颗	整个繁殖期产卵量/亿颗	调度期日均发电量/(亿kW·h)	旬内其余时段日均发电量/(亿kW·h)
2019	5月25—29日	5	14600	22000	1020	20	30	79.83	3.32	4.09
2020	5月23—28日	4	8160	14600	1210	19.4	1	50.49	3.09	3.55
2021	5月29—6月3日	4	11500	17900	1800	21.3	84	146.3	4.12	4.28
2021	6月16—22日	4	12500	24900	1900	21.3	84	146.3	4.12	4.28
2022	6月3—8日	5	12800	22400	1920	21.2	88.67	250.56	3.69	3.30
2022	6月23—28日	5	20400	25500	1940	21.2	88.67	250.56	3.69	3.30

每次试验前后两个月，中华鲟研究所、中国水产科学研究院、水利部中国科学院水工程生态研究所等相关科研单位都会通过在下游设点采集漂流性卵苗的方法跟踪监测四大家鱼的自然繁殖状况，以了解生态调度的效果。监测数据证明，生态调度试验对宜昌至监利江段四大家鱼早期资源量的增加起到积极作用。根据三峡集团《流域梯级水库2021年生态调度总结》及《2022年流域梯级水库生态调度试验总结》报告，除2013年生态调度实施期间，宜都江段水温未达到繁殖需求而未发生四大家鱼繁殖响应外，其他历次生态调度均监测到四大家鱼繁殖。具体而言，2011—2022年宜昌江段，四大家鱼总产卵量分别为0.5亿颗、0.63亿颗、0.31亿颗、1.58亿颗、6.01亿颗、7.25亿颗、29.34亿颗、17.67亿颗、79.83亿颗、50.49亿颗、146.3亿颗和250.56亿颗，其中生态调度期间的产卵量分别为0.25亿颗、0.11亿颗、0亿颗、0.47亿颗、5.7亿颗、1.1亿颗、10.8亿颗、13.3亿颗、30亿颗、1亿颗、84亿颗、88.67亿颗。18次调度期间宜昌江段四大家鱼繁殖总量约235亿颗，约占监测期间（5—7月）四大家鱼总产卵量的40%（表3.14，图3.5）。

根据表3.14水库生态调度及统计指标情况和图3.5，结合3.3.2.3节三峡水库生态调度效果评价方法，计算各项指标得分情

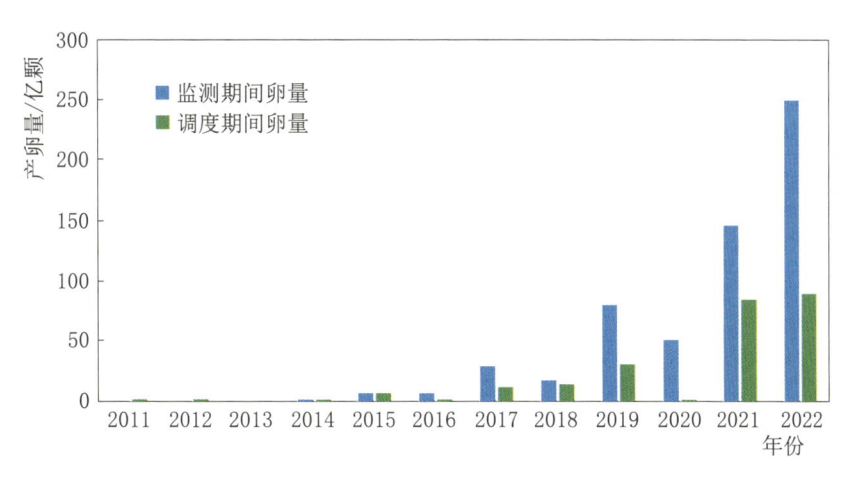

3.3 三峡水库生态调度实践开展情况及其效果评价

图 3.5　宜昌江段历年四大家鱼产卵量

况，结果如表 3.15 所示。可以看出，多年生态调度效果得分均在 80 分以上，处于"优秀"状态，仅 2011 年、2012 年、2013 年和 2020 年得分低于 65 分，其中 2013 年得分最低，为 28.28 分。结合表 3.14 各年生态调度统计指标情况，分析造成各年评分较低原因不尽相同。其中，2011 年得分结果较低的最主要因素是鱼类产卵量增加比例偏低，加之水文指标的适宜度，尤其是洪峰流量偏低，这反映出生态调度过程尚有一定的提升空间。而造成 2012 年得分较低主要原因可能是调度出流过程中，流量日涨幅偏低，为达到适宜鱼类产卵的阈值区间，导致生态调度期间鱼类产卵量偏少，繁殖期总产卵量较往年没有显著提升。2013 年调度出流过程的各项表征指标整体均未达到鱼类繁殖的最适阈值区间，同时调度起始水温低于 18℃，未达到四大家鱼繁殖所需的最低水温需求，导致生态调度期间未观测到鱼类产卵量现象，繁殖期总产卵量较往年也呈现出下降趋势。2020 年调度起始水温偏低，虽然满足了四大家鱼产卵的最低水温需求，但尚未达到最适的繁殖水温阈值，因此生态调度期间鱼类产卵量偏低。

从社会经济效益来看，生态调度未对下游防洪及航运造成影响，但在个别年份造成了一定发电损失（2011 年、2014 年、2015 年、2017 年、2022 年），其中，2019 年造成发电损失最多，调度

第 3 章　水库生态调度效果评价技术与应用

表 3.15　2011—2022 年三峡水库生态调度效果评估结果

一级指标	二级指标	权重系数	2011	2012	2013	2014	2015	2016	2017	2018	2019	2020	2021	2022
水文 C1	涨水持续时间适宜度 D1	0.0571	62.5	100	45	100	100	100	81.25	93.75	87.5	100	100	87.5
	涨水断面初始流量适宜度 D2	0.0571	79.21	69.46	38.82	100	70.46	100	75.01	73.96	100	52.33	79.21	92.41
	涨水断面洪峰流量适宜度 D3	0.0571	50.66	71	36.66	48.16	76.83	65	50.83	68.89	70	28.66	72.08	87
	流量日增长率适宜度 D4	0.0571	73.66	0	32.98	54.06	85.13	100	60.71	67.79	18.68	43.38	87.66	93.26
水质 C2	水温适宜度 D5	0.1143	100	100	0	90.8	100	100	80.59	93.55	50	35	98.21	95.25
	调度目标鱼类产卵量恢复度 D6	0.1524	0	26	0	100	100	91.04	100	59.98	100	50.62	100	100
水生生物 C3	生态调度期同鱼类繁殖规模占整个繁殖期比例 D7	0.3048	100	34	0	59.49	100	30.34	73.62	100	75.16	3.96	100	70
防洪 C4	下游防洪安全度 D8	0.0857	100	100	100	100	100	100	100	100	100	100	100	100
发电 C5	发电损失量 D9	0.0857	100	89.25	94.44	100	100	96.23	100	95.81	81.17	87.04	96.26	100
航运 C6	航运安全度 D10	0.0285	100	100	100	100	100	100	100	100	100	100	100	100
综合得分			61.85	57.34	28.28	87.17	96.12	84.31	86.19	81.23	81.79	51.72	95.97	92.59

期间日均发电量 3.32 亿 kW·h，旬内其余时段日均发电量为 4.09 亿 kW·h，发电损失比例为 19%。

总的来说，三峡水库各年度生态调度效果存在明显差异，其中以 2013 年为界，2011—2013 年，生态调度评分等级分别为"良好""中等""较差"，反映出 2013 年之前生态调度效果整体相对较差，2013 年之后三峡生态调度效果显著提升，除 2020 年生态调度效果处于"中等"水平外，其余年份调度效果均处于"优良"水平，尤其是 2015 年和 2021 年生态调度效果评分均高于 95 分（图 3.6）。

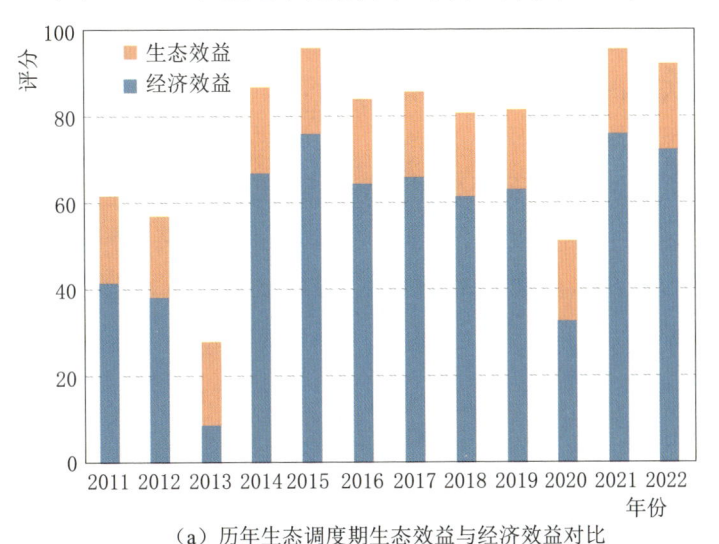

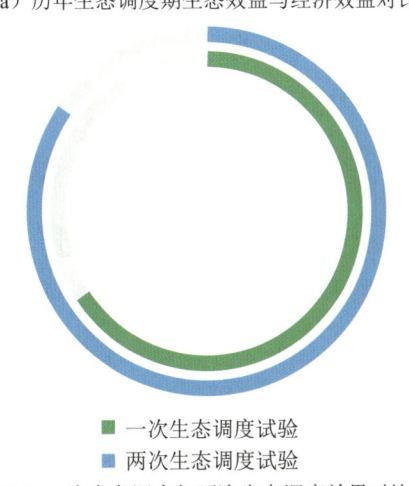

（a）历年生态调度期生态效益与经济效益对比

（b）一次生态调度与两次生态调度效果对比

图 3.6 三峡水库历年生态调度效果对比

分析产生上述现象的原因可能是，三峡水库 2011 年首次开展生态调度试验，调度试验初期经验不足，因此前三年的生态调度虽然取得了一定的效果，但整体效果偏差，之后随着运行经验的丰富，生态调度的效果也逐年提升。同时在历年生态调度中 2013 年和 2020 年是调度效果最差的两个年份，分析原因可能是由于这两年的调度起始水温偏低，下泄流量过程与鱼类繁殖的最适阈值区间差异较大，因此导致上述两个年份生态调度期和鱼类整个繁殖期的产卵量较其余年份偏低。

另外，考虑到不同的年份生态调度次数不同，因此本书对比了不同调度次数的效果差异，结果显示，年内开展两次生态调度的年份，其生态调度效果好于仅开展一次调度的年份（图 3.6）。

综上所述，建议三峡水库开展生态调度时，起调水温尽可能控制在 20℃ 以上，水库出流过程尽可能地接近鱼类适宜的水文需求阈值区间，同时在水库运行条件合适的前提下，年内尽可能开展两次生态调度实践。

3.4 本章小结

本章在系统调研水库生态调度内涵和生态调度目标的基础上，构建了面向不同调度目标的水库生态调度效果评价体系，在此基础上，以三峡水库为例，评估了历年生态调度效果，提出了三峡水库生态调度的优化建议。主要研究成果如下：

（1）构建了考虑生态需水、生态需水、改善水质（水华防控、气体过饱和、河口压咸）、调水调沙和促进鱼类（产漂流性卵鱼类、产黏沉性卵鱼类）等水生生物生存繁殖等调度目标的水库生态调度效果评价体系，提出了各指标的计算方法和赋分标准，以及各指标权重的计算方法。

（2）在梳理三峡水库生态调度实践情况的基础上，以三峡水库开展的面向产漂流性卵鱼类——四大家鱼的生态调度试验为例，评估了自 2011 年三峡水库首次实施生态调度至 2022 年，连续 12 年的生态调度效果，结果显示，三峡水库各年度生态调度效果存在明显差异，其中以2013年为界，2013年之前生态调度效果整体相对较差，2013年之后三峡生态调度效果显著提升；另外，年内开展调度次数不同，调度效果也存在显著差异，开展两次生态调度的年份，其调度效果好于仅开展一次调度的年份。

(3) 建议三峡水库开展生态调度时，起调水温尽可能控制在20℃以上，水库出流过程尽可能接近鱼类适宜的水文需求阈值区间，同时在水库运行条件合适的前提下，年内尽可能开展两次生态调度实践。

第 4 章 水库分层取水措施效果评价技术与应用

大型深水水库对河流水温影响一直是水电工程生态环境影响的重要方面，本章面向大型水库分层取水水温减缓措施，构建了分层取水设施运行效果评估体系，并以锦屏一级水电站分层取水试验为例，评估了历次分层取水试验效果。研究成果以期为分层取水设施优化设计、分层取水设施效果评价、水库优化运行等工作提供参考借鉴。

4.1 水库分层取水措施简介

大型水库通常会呈现出垂向水温分层现象，使得不同取水高程获得的下泄水体温度与建库前的天然水温呈现出显著的差异，主要表现为春夏季下泄低温水。春夏季为农作物生长、鱼虾繁殖的季节，下泄的低温水会对这些生物的生长繁殖造成严重不利影响。随着对生态环境保护的重视，水电站进水口分层取水方式正逐渐被采用。分层取水措施指的是通过设置在不同高程处的取水口，抽取不同取水层内的水体，以满足下泄水温要求。为此，国内外提出了叠梁门、百叶窗、隔水幕墙等一系列减缓措施。

叠梁门作为一种主要的分层取水措施，被国际大坝会议环境特别委员会作为典型的模式推荐。分层取水结构在取水塔内采用一节或多节可沿塔身高度方向升降的叠梁门，用以挡住水库中下层低温水，达到取水库表层水提高下泄水温的目的。目前，叠梁门分层取水在日本的下久保水库和我国的锦屏一级、溪洛渡、糯扎渡等大型水电工程中逐步投入运行，已成为我国减缓下泄低温水的主要工程措施。

叠梁门修建后，通过水温监测数据计算分析叠梁门运行对电站下泄水温的影响程度，评估叠梁门的运行效果，是研究叠梁门运行机理，指导叠梁门优化设计，设计电站生态调度方案的关键。通过研究叠梁门分层取水对水库水温结构的影响，可以进一步深入了解叠梁门分层取水对水库下泄水温的影响情况，为优化和调整分层取水措施来缓解下泄低温水不利影响奠定基础。目前，国内外研究叠梁门分层取水减缓电站下泄低温水效果大部分是采用对比叠梁门运行前后的下泄低温水监测数据来达到研究目的。但实际工程中，由于各年气温、来流等边界条件存在一定程度的差异，仅对比分析各年同期的下泄水温不能完全说明叠梁门运行对下泄水温的影响。叠梁门分层取水对下泄水温影响的分析方法尚需进一步研究。

4.2 水库分层取水措施效果评价技术方法

生态环保措施的效果评价可以反馈改善设施的运行，本章结合水库分层取水设施运行目标，按照层次分析法，构建了水库分层取水设施运行效果评价指标体系，以期为分层取水设施的优化运行提供科学、系统的指导依据。

4.2.1 评价指标遴选

水库建成后，改变了原始河流的热动力条件，水体进入库区后水深变大，流速减缓，温热季节易形成水温分层，导致下泄水温异于天然河道水温，当水温变幅、水温结构以及水温时滞达到某一程度时，将显著影响河流鱼类等水生生物的生长繁殖以及灌溉区农作物的正常生理活动。分层取水设施运行的主要目的就是尽量减少水库建设对天然河道水温的改变，降低由此导致的对流域重点生态保护目标的负面影响。本章同样从生态环境效益和社会经济效益两个维度出发，构建了分层取水设施运行效果评估体系。

4.2.1.1 生态环境效益指标

生态环境效益的评价主要从水温和水生生物两个层面考量。

1. 水温

分层取水设施被认为是应对水温分层，提高下泄水温，减缓低温水不利影响的有效措施，其运行后对下泄水温的改善程度是衡量分层取水设施运行效果的一项重要指标。尤其是对于常年存在稳定水温分层现象的深水大库，分层取水设施运行的主要目的在于通过改变取水口位置，尽量引取表层水体提高下泄水温，进而满足鱼类的繁殖及生存需求。因此，本书首先选择分层取水设施运行后对下泄水温的提高度作为一项评价指标。

另外，合理规划分层取水设施运行方式，使下泄水温尽量接近历史天然水温，以减缓水库建成后对水温的影响，也是分层取水设施运行的主要目的之一，因此本书选择下泄水温与历史同期天然水温的接近度作为另一项评价分层取水设施运行对水温改善效果的指标。

2. 水生生物

鱼类作为河流食物链的顶级生物，对于河流生境变化的响应敏感，水温作为河流生境的重要因子，在鱼类的生长代谢过程中发挥着控制性的作用。当环境温度下降，鱼类生长代谢速率会显著下降，尤其生殖细胞的增殖发育对水温变化更为敏感，水温升高时，鱼类的生长速率和生殖细胞的形成速度也随着加快，但过高的水温会导致胚胎的畸形率上升。不同鱼类其生长和繁殖活动对于水温的适宜范围不同。大多水库分层取水设施的运行将刺激鱼类产卵和保证鱼类生存作为主要生态目标。因此本书将下游关键生态目标鱼类水温适宜度作为分层取水运行效果评价的关键指标，纳入评价指标体系。

4.2.1.2 社会经济效益指标

社会经济效益指标主要考虑分层取水设施运行对发电影响。因此将发电损失量作为评价分层取水设施运行对社会经济影响的主要评价指标。

4.2.2 指标体系层次结构

在对各项效果评价指标筛选的基础上，构建了包含目标层、一级指标层和二级指标层的水库分层取水设施运行效果评价指标体系，详细信息如表4.1所示。

表 4.1 水库分层取水设施运行效果评价指标体系层次结构

目标层	准则层	一级指标层	二级指标层
水库分层取水设施运行效果 A1	生态环境效益 B1	水温 C1	分层取水设施运行对下泄水温提高度 D1
			下泄水温与历史同期水温接近度 D2
		水生生物 C2	下游关键生态目标鱼类水温适宜度 D3
	社会经济效益 B2	发电 C3	发电损失量 D4

4.2.3 各评价指标计算方法及评分标准

1. 分层取水设施运行对下泄水温提高度 D1

概念：表征分层取水设施运行对水库下泄水温的提高度。

计算方法：分层取水设施运行对下泄水温提高度＝（分层取水设施运行后下泄水温－坝前取水口高程处水温）/坝前取水口高程处水温。

赋分标准：根据分层取水设施运行对下泄水温提高度的计算结果，赋予指标0~100的分值，即当分层取水设施运行对下泄水温提高度大于等于10%时，得分100；当分层取水设施运行对下泄水温提高度在0%~10%之间时，分层取水设施运行对下泄水温提高度得分＝分层取水设施运行对下泄水温提高度×1000；当分层取水设施运行对下泄水温提高度小于等于0时，得分为0。

2. 下泄水温与历史同期水温接近度 D2

概念：表征分层取水设施运行后，下泄水温与水库未建成前历史同期水温的接近度。

计算方法：下泄水温与历史同期水温接近度＝1－|下泄水温－水库未建成前历史同期多年平均水温|×100%/水库未建成前历史同期多年平均水温。

赋分标准：根据分层取水设施运行对下泄水温提高度的计算结果，赋予指标0~100的分值，即下游水温与历史同期水温接近度得分＝下游水温与历史同期水温接近度×100。

3. 下游关键生态目标鱼类水温适宜度 D3

概念：下游关键生态目标鱼类对于水温的适宜度指数，表征目标鱼类繁殖和生长对水库下泄水温的偏好程度。

计算方法：水温适宜度的计算分为三步：①需确定目标鱼类；②建立目标鱼类繁殖和生长于水温的响应关系曲线，即 HSI 曲线；③根据 HSI 曲线计算水温适宜度，即下游关键生态目标鱼类水温适宜度＝水温适宜度指数。

赋分标准：根据待评价生态调度涨水持续时间适宜度的计算结果，将涨水持续时间适宜度情况赋予 0～100 的分值，即下游关键生态目标鱼类水温适宜度得分＝水温适宜度指数×100。

4. 发电损失量 D4

概念：分层取水设施运行造成的发电损失量，反映分层取水设施运行对发电的影响程度。

计算方法：发电损失量＝（不启用叠梁门条件下的发电量－分层取水设施运行条件下的发电量）/不启用叠梁门条件下的发电量。

赋分标准：发电损失量超过 1%，得分为 0，发电损失量在 1%～0% 之间按 0～100 赋分，发电损失量小于 0% 时，得分为 100。

4.2.4 分层取水设施运行效果评价指标权重计算方法

分层取水设施运行效果评价指标权重计算中综合考虑层次分析法与专家打分熵权法，在主观权重系数与客观权重系数确定的基础上，计算各指标的综合权重，详见 2.2.6 节。

4.3 锦屏一级水电站分层取水设施运行及其效果评价

锦屏一级电站位于四川省雅砻江干流下游河段，是卡拉至江口河段的控制性水库，工程以发电为主，兼具防洪、拦沙等功能。锦屏一级水电站于 2014 年蓄至正常蓄水位并投入试运行，根据《四川省雅砻江锦屏一级水电站环境影响报告书》（以下简称"环境影响报告书"）的成果，锦屏一级水库的蓄水将直接影响天然河道水温的时空特性，造成电站在春夏季下泄低温水，不利于坝址下游鱼类的产卵繁殖。针对工程的不利水温影响，在工程设计阶段，提出了设置叠梁门分层取水措施的要求，以缓解电站运行后低温水下泄对下游鱼类繁殖的不利影响。

4.3.1 锦屏一级水电站分层取水设施介绍

锦屏一级水电站正常蓄水位为 1880.00m，死水位为 1800.00m，相应库容 77.6 亿 m^3，主库回水长度 59km，小金河支库回水长度 90km，年库水替换次数为 5.0。水库调节库容为 49.1 亿 m^3，具有年调节性能。枢纽建筑物由挡水、泄水及消能、引水发电等永久建筑物组成，其中混凝土双曲拱坝坝高 305m，为世界第一高坝；电站进水口位于右岸，采用岸塔式布置，6 孔进水口呈"一"字形布置，进水口底板高程 1779.00m，机组总引水流量为 2024.4m^3/s，单机引水流量为 337.4m^3/s。引水发电进水口采用分层取水方案，以减轻下泄低温水的负面环境影响。

4.3.1.1 分层取水设施工程设计

根据环境影响报告书批复要求，工程优化调整取水建筑物设计型式，通过方案比选，最终采取 3 层叠梁门（7m+2×14m）分层取水措施。

叠梁门分层取水设施结构布置如下：单孔进水塔前缘宽 26m，顺水向长 31m，塔高 112m。从上游到下游主要结构依次为：从拦污栅到叠梁门之间的拦污栅及隔水叠梁门段、叠梁门到检修闸门之间的取水前池段、检修闸门后的发电取水塔段 3 个部分。进水塔前半部拦污栅及叠梁闸门段长 4.1m，每个进水口共设有 4 孔拦污栅，4 孔叠梁门，每孔净宽 3.8m，过栅流速控制在 0.5～1.0m/s。两栅墩间设置了拦污栅胸墙或横撑连接，以加强拦污栅结构的整体性。受进口狭小的场地条件限制，取水前池段长 7.1m，后为发电取水塔段长 19.8m，采用喇叭形进口，内设检修闸门槽、工作闸门槽和通气孔。拦污栅闸和主塔体之间采用隔墙和纵撑连接。顶部设置一台门机。

叠梁门最大挡水高程 1814.00m，门叶分 3 层，可实现 1814.00m（3 层）、1807.00m（2 层）、1793.00m（1 层）、1779.00m（不启用叠梁门）4 个高程的取水。

4.3.1.2 分层取水设施运行规程

叠梁门取水设施的运行期为 3—6 月，可采用不启用叠梁门、1 层叠梁门、2 层叠梁门、3 层叠梁门 4 种调度方案，在满足一定水位要求的前提下，可启用相应层数的叠梁门，各层叠梁门运行的水位要求和对应门顶高程详见表 4.2。

表 4.2　　　　叠梁门门顶高程及运行水位要求

叠梁门层数	门顶高程	对应水库最低运行水位
不启用叠梁门	1779.00m	1800.00m
1 层叠梁门	1793.00m	1814.00m
2 层叠梁门	1807.00m	1828.00m
3 层叠梁门	1814.00m	1835.00m

3 层叠梁门方案要求水库水位在 1835.00m 以上时，3 层门叶挡水，对应门顶高程为 1814.00m；水库水位在 1835.00～1828.00m 之间时，移走最上层叠梁门，剩余两层门叶挡水，对应门顶高程为 1807.00m；水库水位降至 1828.00～1814.00m 之间时，继续移走第二层叠梁门，仅剩最后一层叠梁门挡水，对应门顶高程为 1793.00m；水位低于 1814.00m 时，移走所有叠梁门。

2 层叠梁门方案要求库水位高于 1828.00m 时，启用 2 层叠梁门，对应门顶高程为 1807.00m；水位在 1828.00～1814.00m 之间时，移走上层叠梁门，剩余一层门叶挡水，对应门顶高程为 1793.00m；水位低于 1814.00m 时，移走所有叠梁门。

1 层叠梁门方案要求水库水位低于 1814.00m 时，加装 1 层叠梁门，对应门顶高程为 1793.00m，水位低于 1814.00m 时，不启用叠梁门。

4.3.2 锦屏一级水电站分层取水设施运行效果评估体系

4.3.2.1 锦屏一级水电站分层取水设施运行效果评估指标筛选

基于4.2节构建的分层取水设施运行效果评估体系，结合锦屏一级水电站流域鱼类生物调查资料，筛选了锦屏一级水电站影响河段的关键生态目标鱼类。文献调研结果显示，雅砻江流域分布有鱼类92种，隶属于6目、16科，其中鲤科鱼类49种，占鱼类总种数的53.5%；鳅科12种，占13%；其余科类占比均少于10%。其中，鲤科中，又以裂腹鱼亚科为优势种。雅砻江流域没有国家Ⅰ、Ⅱ级保护鱼类，省级、流域特有鱼类有长丝裂腹鱼、短须裂腹鱼、细鳞裂腹鱼和鲈鲤等，上述4种鱼类也是锦屏一级水电站下游河段的主要经济鱼类和锦屏·官地鱼类增殖放流站的人工增殖放流对象，因此最终选定长丝裂腹鱼、短须裂腹鱼、细鳞裂腹鱼、鲈鲤作为关键生态目标鱼类。在此基础上，确定了锦屏一级水电站分层取水设施运行效果评价的指标（表4.3）。

表4.3　锦屏一级水电站分层取水设施运行效果评价指标体系层次结构

目标层	准则层	一级指标	二级指标
水库分层取水设施运行效果 A1	生态环境效益 B1	水温 C1	分层取水设施运行对下泄水温提高度 D1
			下泄水温与历史同期水温接近度 D2
		水生生物 C2	长丝裂腹鱼对下泄水温适宜度 D3
			短须裂腹鱼对下泄水温适宜度 D4
			细鳞裂腹鱼对下泄水温适宜度 D5
			鲈鲤对下泄水温适宜度 D6
	社会经济效益 B2	发电 C3	发电损失量 D7

4.3.2.2 锦屏一级水电站分层取水设施运行效果评估指标权重

指标权重值应该由该指标相对于总目标的重要性来定。因此，本书采用2.2.6节中介绍的层次分析法计算准则层中生态环境效益、社会经济效益的权重系数，计算判断矩阵。

1. 水库分层取水设施运行效果 A1 下级指标权重

在锦屏一级水电站分层取水设施运行管理的两个准则层中,生态环境效益是首要目标,占绝对优先地位,其次才是社会经济效益。由此建立判断矩阵,并计算各因素权重(表 4.4)。

表 4.4　　分层取水设施运行效果指标判断矩阵 $A1-B$

水库分层取水设施运行效果 A1	B1	B2
B1	1	9
B2	1/9	1

经由式(2.25)~式(2.27)计算得权重向量:$W' = (0.9, 0.1)^T$。

2. 生态环境效益 B1 下级指标权重

鉴于锦屏一级水电站分层取水设施运行的主要目的在于减缓低温水下泄对目标鱼类繁殖的影响,因此水生生物 B2 应作为效果评估的首要指标,其次为分层取水设施运行对水温的影响,基于上述认知建立判断矩阵,并计算各因素权重(表 4.5)。

表 4.5　　分层取水设施运行效果指标判断矩阵 $B1-C$

生态环境效益 B1	B1	B2
B1	1	1/2
B2	2	1

经由式(2.25)~式(2.27)计算得权重向量:$W' = (0.3333, 0.6667)^T$。

3. 水温 C1 下级指标权重

分层取水设施运行对下泄水温提高度 D1 和下泄水温与历史同期水温接近度 D2 两项水温指标重要性相当,因此赋予相同的重要度,判定矩阵如表 4.6 所示。

表 4.6　　分层取水设施运行效果指标判断矩阵 $C1-D$

水温 C1	D1	D2
D1	1	1
D2	1	1

经由式（2.25）～式（2.27）计算得权重向量：$W' = (0.5, 0.5)^T$。

4. 水生生物 $C2$ 下级指标权重

本书一共选定了4种保护目标鱼类作为评价指标，根据前人的研究成果，结合物种的保护级别，赋予鱼类不同的重要度权重，物种重要性权重赋值标准如表4.7所示。

表4.7　　　　　　　物种重要性权重赋值标准

保护级别	权重	保护级别	权重
国家一级保护物种	10	省级、流域特有种	4
全国特有种	8	省级保护物种	2
国家二级保护物种	6	无保护级别非特有种	1

长丝裂腹鱼是金沙江流域特有鱼类，短须裂腹鱼和鲈鲤属于长江上游特有鱼类，细鳞裂腹鱼属于四川特有鱼类。四类鱼种均属省级、流域特有种，然而鉴于其生存范围有较大差异，因此将其权重比例初步定义为长丝裂腹鱼：短须裂腹鱼：细鳞裂腹鱼：鲈鲤＝4：5：3：5。由此，建立判断矩阵，并计算各因素权重（表4.8）。

表4.8　　　分层取水设施运行效果指标判断矩阵 $C2 - D$

水生生物 $C2$	$D1$	$D2$	$D3$	$D4$
$D1$	1	4/5	4/3	4/5
$D2$	5/4	1	5/3	1
$D3$	3/4	3/5	1	3/5
$D4$	5/4	1	5/3	1

经由式（2.25）～式（2.27）计算得权重向量：$W' = (0.2353, 0.2941, 0.1765, 0.2941)^T$。

整合各层级权重系数，利用一级指标权重系数乘以二级指标权重系数，计算得到各二级指标的总权重系数，完成分层取水设施运行效果评价体系的构建。表4.9为分层取水措施运行效果评价体系的各层级权重系数计算结果。

表 4.9　　分层取水措施运行效果评价指标权重汇总表

目标层	准则层	权重	一级指标	权重	二级指标	权重	总权重
水库分层取水设施运行效果 A1	生态环境效益 B1	0.9	水温 C1	0.3333	分层取水设施运行对下泄水温提高度 D1	0.5	0.15
					下泄水温与历史同期水温接近度 D2	0.5	0.15
			水生生物 C2	0.6667	长丝裂腹鱼对下泄水温适宜度 D3	0.2353	0.1412
					短须裂腹鱼对下泄水温适宜度 D4	0.2941	0.1765
					细鳞裂腹鱼对下泄水温适宜度 D5	0.1765	0.1059
					鲈鲤对下泄水温适宜度 D6	0.2941	0.1765
	社会经济效益 B2	0.1	发电 C3	1	发电损失量 D7	1	0.1

4.3.2.3　锦屏一级水电站分层取水设施运行效果评价指标计算方法

1. 水温指标得分计算方法

根据 4.2.3 节提出的水温指标得分计算方法，其中下泄水温与历史同期水温接近度计算过程中，首先需明确锦屏一级水电站坝址处的天然水温情况，因此本书基于文献资料提取了锦屏一级水电站坝址处的天然水温数据，如图 4.1 所示。

2. 水生生物指标得分计算方法

根据 4.2.3 节提出的水生生物指标得分计算方法，得分计算过程中首先需明确关键生态目标鱼类的水温适宜度曲线，因此本书文献调研建立了长丝裂腹鱼、短须裂腹鱼、细鳞裂腹鱼、鲈鲤产卵期与成鱼期的温度因子栖息地适配曲线，结果如图 4.2 所示。

长丝裂腹鱼为鲤科裂腹鱼属的一种鱼类，为冷水性鱼类，产卵期一般为 3—4 月，最适的产卵水温为 10~15℃，成鱼的最适生长水温为 15~19℃[128]。短须裂腹鱼，属冷水性鱼类，自然条件下，一般在 3—4 月开始产卵，最适产卵水温为 9~14℃，成鱼最适生长

4.3 锦屏一级水电站分层取水设施运行及其效果评价

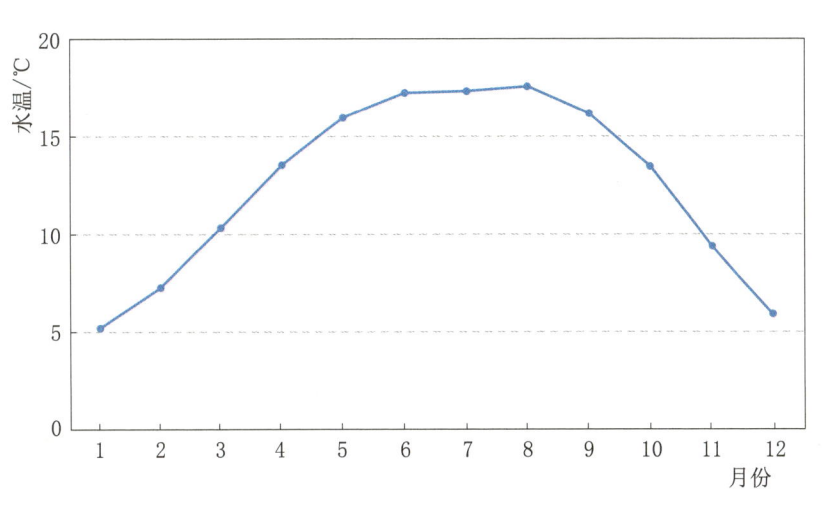

图 4.1 锦屏一级水电站坝址处天然水温

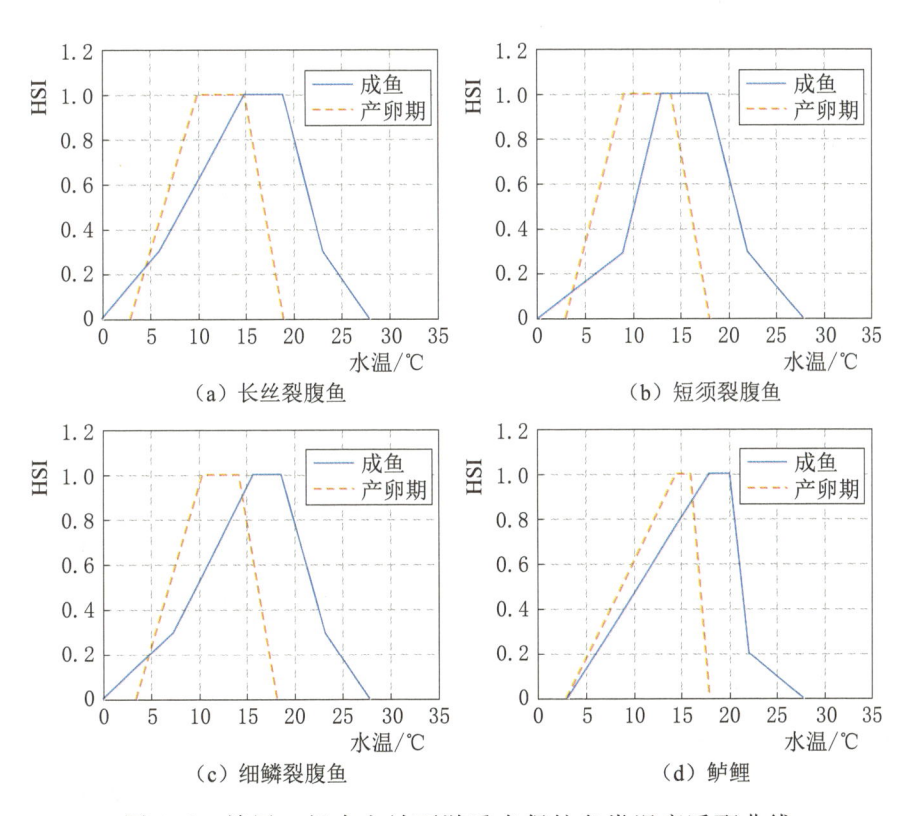

图 4.2 锦屏一级水电站下游重点保护鱼类温度适配曲线

121

水温为 13～18℃[129-130]。细鳞裂腹鱼为冷水鱼类,自然条件下的繁殖期为 3—5 月,在水温为 10～14℃时最适宜繁殖,成鱼的最适生长水温为 15.5～18.5℃；鲈鲤为鲤形目鲤科鲈鲤属的鱼类,为亚冷水性鱼类,产卵期一般在每年的 4—5 月,在水温为 14.5～16℃时最适宜产卵,成鱼的最适生长水温为 18～20℃[128]。锦屏一级水电站下游重点保护鱼类生物特性见表 4.10。

表 4.10　锦屏一级水电站下游重点保护鱼类生物特性

名称	类别	繁殖期/月	最适繁殖水温阈值/℃	最适生存水温阈值/℃
长丝裂腹鱼	冷水鱼	3—4	10～15	15～19
短须裂腹鱼	冷水鱼	3—4	9～14	13～18
细鳞裂腹鱼	冷水鱼	3—5	10～14	15.5～18.5
鲈鲤	亚冷水鱼	4—5	14.5～16	18～20

3. 发电损失量计算方法

本节根据锦屏一级水电站实际情况,确定了分层取水设施造成发电量的计算公式及各项参数值,计算公式如下:

$$W_i = \sum_{t=1}^{n} g \times \eta \times [H_1(t) - H_2(t) - H_3(t)] \times Q(t) \times \Delta t \tag{5.1}$$

$$E_i = (W_i - W_0)/W_0 \tag{5.2}$$

式中:W_i 为叠梁门分层取水设施运行工况下的时段发电量,kW·h；η 为电站的机组效率,根据锦屏一级水电站水轮机的主要参数,其额定效率为 94.29%[131]；g 为重力加速度；$H_1(t)$ 为 t 时段水库水位；$H_2(t)$ 为 t 时段水库尾水位；$H_3(t)$ 为水头损失；$Q(t)$ 为发电流量；E_i 为叠梁门运行期间的发电损失。

取水口处布设叠梁门时,水体流经叠梁门顶 90°转弯后进入叠梁门井,后由叠梁门井再经 90°转弯进入取水口,因此 $H_3(t)$ 水头损失显著增加。设置一层叠梁门时的水头损失系数是不设置叠梁门时的 3.42 倍,同时随着层数的增多,叠梁门高度增加,水头损失也相应增大,安装层数小于等于 2 时,每层叠梁门高 14m,每加装一层叠梁门，水头损失系数约增加12%，加装第三层叠梁门时，叠梁门高7m，水头损失系数增加6%。经计算，不设置叠梁门、一层叠梁门、两层叠梁门和三层叠梁门的水头损失依次分别为0.3248m水柱、1.1002m水柱、1.2276m水柱、1.3749m水柱。

4.3.2.4 锦屏一级水电站分层取水设施运行效果综合评价方法

综合评价过程中首先需确定各个评价指标值。其次需要确定单因素评价隶属度向量，形成隶属度矩阵。最后给出综合评判。

1. 确定模糊综合评价因素集

第一层为准则层因素集

$$U = \{u_1, u_2\} = \{生态环境效益, 社会经济效益\}$$

第二层为指标层因素集

$$U_1 = \{u_{11}, u_{12}\} = \{水温, 水生生物\}$$

$$U_2 = \{u_{21}\} = \{发电\}$$

2. 建立评语集

针对上述指标因素集的各个因素，评价主体对评价对象作出评价，评语＝{优秀（V_1），良好（V_2），中等（V_3），较差（V_4），很差（V_5）}＝{80，60，40，20，0}。

3. 构建隶属度矩阵

结合指标体系中各指标评价标准，计算指标因素集对于评语集的模糊评价矩阵。

4.3.3 2016年锦屏一级水电站分层取水试验及效果评价

为测试不同叠梁门运行工况下对下泄水温的影响效果，锦屏一级水电站于2016年首次开展了叠梁门分层取水试验，成功实现了3组工况试验。

4.3.3.1 2016年叠梁门分层取水试验工况

2016年3—4月，锦屏一级水电站开展了分层取水设施运行试验，共计成功开展3种试验工况（表4.11）。锦屏一级水电站共有6台机组，其中1号、2号、3号机组对应1号尾水渠，4号、5号、6号机组对应2号尾水渠，试验期间同步开展了坝前垂向水温监测，和尾水逐时监测。

表 4.11　2016 年锦屏一级水电站分层取水效果评估试验工况

工况	试验时间	电站运行工况		叠梁门启闭	
		1号尾水渠（对应1号、2号、3号机组）	2号尾水渠（对应4号、5号、6号机组）	1号、2号、3号机组	4号、5号、6号机组
工况1	3月19日17：00—3月20日9：00	1号、2号、3号机组发电	5号机组发电	1号、3号机组放置3层叠梁门	无叠梁门
工况2	3月24日00：00—3月26日9：00	1号、3号机组发电	5号机组发电	1号、3号机组放置2层叠梁门	无叠梁门
工况3	3月28日14：00—4月5日24：00	1号、3号机组发电	5号机组发电	1号、3号机组放置1层叠梁门	无叠梁门

工况1试验时间为3月19日17：00—3月20日9：00，试验时间仅持续了16h。6台机组中1号、2号、3号、5号机组发电，其中1号、3号机组放置3层叠梁门，用于分析3层叠梁门的取水效果，但由于库区水位在3月19日就下降至3层叠梁门最低运行水位1835.00m，因此在2号机组未启用叠梁门的情况下开展试验。

工况2试验时间为3月24日00：00—26日9：00，试验持续时间约2.5天。1号、3号、5号机组发电，其中1号、3号机组放置2层叠梁门，工况2用于分析2层叠梁门的取水效果，受库区水位限制。

工况3试验时间为3月28日14：00—4月5日24：00，试验持续时间约8.5天。1号、3号、5号机组发电，其中1号、3号机组放置1层叠梁门，工况3用于分析1层叠梁门的取水效果。

4.3.3.2　2016 年叠梁门分层取水试验水温监测及效果评价

如图4.3和图4.4为2016年锦屏一级水电站分层取水试验期间水库运行过程线及水温监测结果，根据水温监测结果对不同工况条件下分层取水设施的运行效果进行了评价。

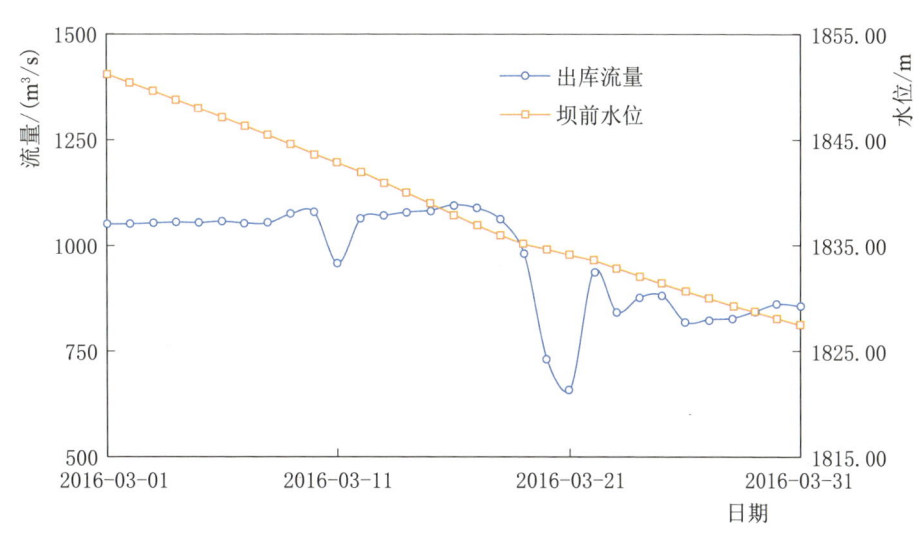

图4.3 2016年3月锦屏一级水电站水库运行过程线

1. 工况1分层取水试验效果评价

工况1试验期间，锦屏一级水库水位在1835.14～1834.64m之间波动，平均下泄流量856m³/s，均通过发电尾水泄放（图4.3）。坝前垂向水温监测结果显示，高程1780.00～1820.00m处出现明显的温跃层，水库表层和底层温差达到4.5℃，启用3层叠梁门可以将处于温跃层的低温水遮挡，进水口可取用表层高温水（图4.4）。

尾水监测结果显示，启用3层叠梁门对应的1号尾水渠平均水温为11.0℃，而未启用对应的2号尾水渠平均水温仅为9.9℃，启用叠梁门可以有效提高下泄水温0.7～1.3℃，平均提高水温1.1℃。从水温评价指标的角度，分层取水设施对下泄水温提高度约11.11%。历史条件下，3月20日，坝址处的天然水温约为10.8℃，因此，3层叠梁门运行条件下，下泄水温与历史同期水温的接近度为98.15%；不启用叠梁门条件下，下泄水温与历史同期水温的接近度为91.67%（表4.12）。从水生生物指标的角度来看，3月属于长丝裂腹鱼、短须裂腹鱼和细鳞裂腹鱼的繁殖期，应按照上述三种鱼类繁殖期的适宜度曲线评价其水温适宜度，而鲈鲤的繁殖期一般在4—5月，应按照成鱼的适宜度曲线评价其对水温的适宜

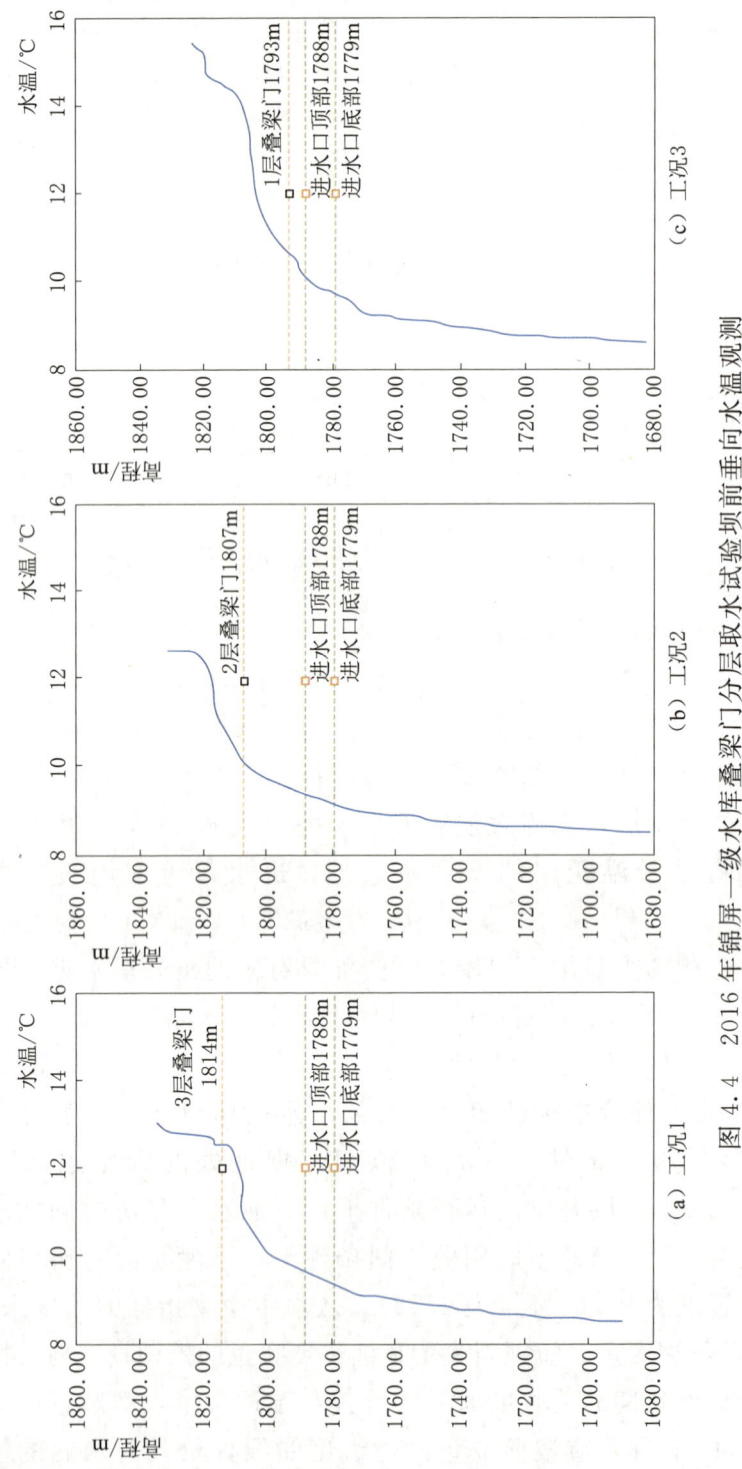

图 4.4 2016 年锦屏一级水库叠梁门分层取水试验坝前垂向水温观测

度，评价结果如表4.12所示。3层叠梁门运行工况下，长丝裂腹鱼、短须裂腹鱼和细鳞裂腹鱼对下泄水温的适宜度均为1，鲈鲤属于亚冷水鱼类，适宜的水温阈值较高，下泄水温适宜度为0.5337；不启用叠梁门工况下，长丝裂腹鱼、短须裂腹鱼和细鳞裂腹鱼对下泄水温的适宜度分别为0.9861、1和0.9861，鲈鲤对下泄水温的适宜度为0.4603。

表4.12　　2016年工况1分层取水试验效果评价结果表

一级指标	二级指标	权重系数	启用叠梁门 计算结果	启用叠梁门 评分	不启用叠梁门 计算结果	不启用叠梁门 评分
水温 C1	分层取水设施运行对下泄水温提高度 $D1$	0.15	11.11%	100	0%	0
水温 C1	下泄水温与历史同期水温接近度 $D2$	0.15	98.15%	98.15	91.67%	91.67
水生生物 C2	长丝裂腹鱼对下泄水温适宜度 $D3$	0.1412	1	100	0.9861	98.61
水生生物 C2	短须裂腹鱼对下泄水温适宜度 $D4$	0.1765	1	100	1	100
水生生物 C2	细鳞裂腹鱼对下泄水温适宜度 $D5$	0.1059	1	100	0.9861	98.61
水生生物 C2	鲈鲤对下泄水温适宜度 $D6$	0.1765	0.5337	53.37	0.4603	46.03
发电 C3	发电损失量 $D7$	0.1	0.55%	44.78	0	100
综合效益得分			84.28		73.83	

从发电损失量的角度来看，叠梁门分层取水设施的运行在一定程度上增加了水头损失，根据4.3.2.3节提出的发电损失量计算方法，工况1叠梁门分层取水设施运行导致了0.55%的发电损失。

综合评价结果如表4.12和图4.5所示，启用叠梁门条件下，分层取水设施运行效果的综合得分为85.98，生态环境效益得分90.56，评分等级均为"优秀"；不启用叠梁门条件下，运行效果的综合得分为73.89，生态环境效益得分为70.99，评分等级均为"良好"。由此可见，叠梁门分层取水设施的运行有效地改善了下游水温状态，取得了良好的生态环境效益。

2. 工况2分层取水试验效果评价

工况2试验期间，锦屏一级水库水位介于1832.09~1830.66m

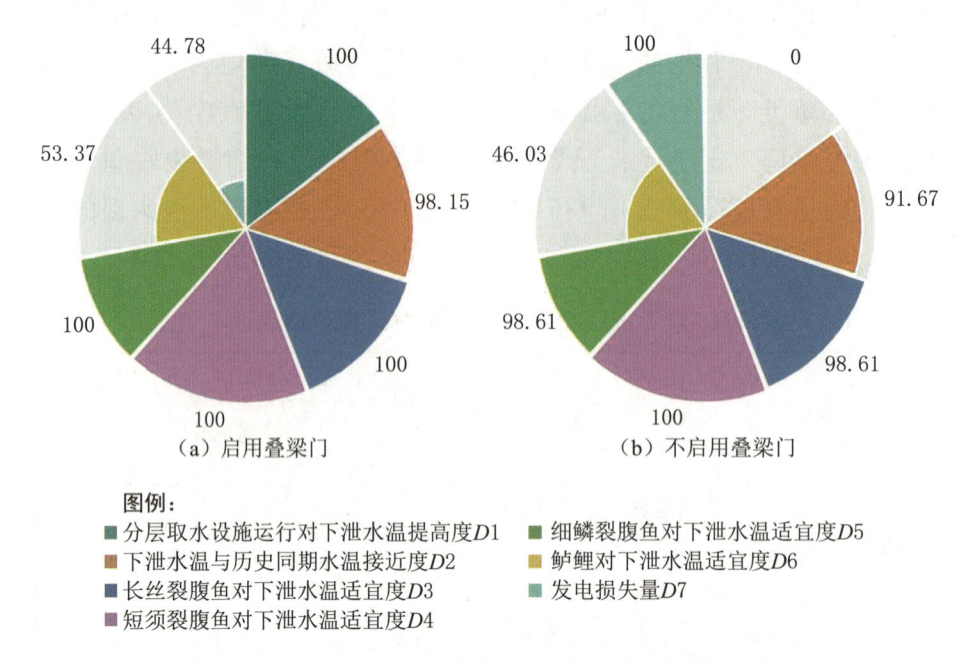

第4章 水库分层取水措施效果评价技术与应用

图 4.5 2016年工况1分层取水试验效果评价结果图

（a）启用叠梁门　　（b）不启用叠梁门

图例：
- 分层取水设施运行对下泄水温提高度 D1
- 下泄水温与历史同期水温接近度 D2
- 长丝裂腹鱼对下泄水温适宜度 D3
- 短须裂腹鱼对下泄水温适宜度 D4
- 细鳞裂腹鱼对下泄水温适宜度 D5
- 鲈鲤对下泄水温适宜度 D6
- 发电损失量 D7

之间，平均下泄流量为 860m³/s，均通过发电尾水泄放（图4.3）。坝前垂向水温监测结果显示，高程 1790.00~1830.00m 之间出现明显的温跃层，表底温差达到 4.1℃，由于温跃层位置更靠近表层，启用2层叠梁门仅将部分处于温跃层的低温水遮挡（图4.4）。

尾水监测结果显示，启用2层叠梁门对应的1号尾水渠平均水温为 10.7℃，而未启用对应的2号尾水渠平均水温仅为 10.0℃，启用2层叠梁门可以提高下泄水温 0.5~0.8℃，平均水温提高 0.7℃。从水温评价指标的角度，分层取水设施对下泄水温提高度约 11.11%。历史条件下，3月25日，坝址处的天然水温约为 11.4℃，因此，3层叠梁门运行条件下，下泄水温与历史同期水温的接近度为 93.86%；不启用叠梁门条件下，下泄水温与历史同期水温的接近度为 87.72%（表4.13）。从水生生物指标的角度来看，3层叠梁门运行工况下，长丝裂腹鱼、短须裂腹鱼和细鳞裂腹鱼对下泄水温的适宜度均为1，鲈鲤对下泄水温适宜度为 0.5137；不启用叠梁门工况下，长丝裂腹鱼、短须裂腹鱼和细鳞裂腹鱼对下泄水温的适宜度也均为1，鲈鲤对下泄水温的适宜度为0.467。

表4.13 2016年工况2分层取水试验效果评价结果表

一级 指标	二 级 指 标	权重 系数	启用叠梁门		不启用叠梁门	
			计算 结果	评分	计算 结果	评分
水温C1	分层取水设施运行对下泄水温 提高度D1	0.15	7.07%	70.71	0%	0
	下泄水温与历史同期水温接近度D2	0.15	93.86%	93.86	87.72%	87.72
水生 生物 C2	长丝裂腹鱼对下泄水温适宜度D3	0.1412	1	100	1	100
	短须裂腹鱼对下泄水温适宜度D4	0.1765	1	100	1	100
	细鳞裂腹鱼对下泄水温适宜度D5	0.1059	1	100	1	100
	鲈鲤对下泄水温适宜度D6	0.1765	0.5137	51.37	0.467	46.70
发电C3	发电损失量D7	0.1	0.48%	51.61	0	100
综合效益得分			81.27		73.76	

从发电损失量的角度来看，叠梁门分层取水设施的运行在一定程度上增加了水头损失，根据4.3.2.3节提出的发电损失量计算方法，工况2叠梁门分层取水设施运行导致了0.48%的发电损失。

综合评价结果如表4.13和图4.6所示，启用叠梁门条件下，分层取水设施运行效果的综合得分为81.27，生态环境效益得分84.57，评分等级为"优秀"；不启用叠梁门条件下，运行效果的综合得分为73.76，生态环境效益得分70.84，评分等级均为"良好"。由此可见，2层叠梁门运行下同样起到了有效改善了下游水温状态的作用，取得了良好的生态环境效益。

3. 工况3分层取水试验效果评价

工况3试验期间，锦屏一级水库水位介于1829.31~1824.41m，平均下泄流量850m³/s，均通过发电尾水泄放。坝前垂向水温监测结果显示1760~1820m之间存在明显的跃温层，由于入流水温、气温等的升高，表层水温也随之升高，库表和库底水温差达到6.7℃。在此试验期间，受库水位限制，仅启用1层叠梁门，部分阻挡了温跃层的低温水下泄。

第4章 水库分层取水措施效果评价技术与应用

（a）启用叠梁门　　　　　　　　　（b）不启用叠梁门

图例：
- 分层取水设施运行对下泄水温提高度 D_1
- 下泄水温与历史同期水温接近度 D_2
- 长丝裂腹鱼对下泄水温适宜度 D_3
- 短须裂腹鱼对下泄水温适宜度 D_4
- 细鳞裂腹鱼对下泄水温适宜度 D_5
- 鲈鲤对下泄水温适宜度 D_6
- 发电损失量 D_7

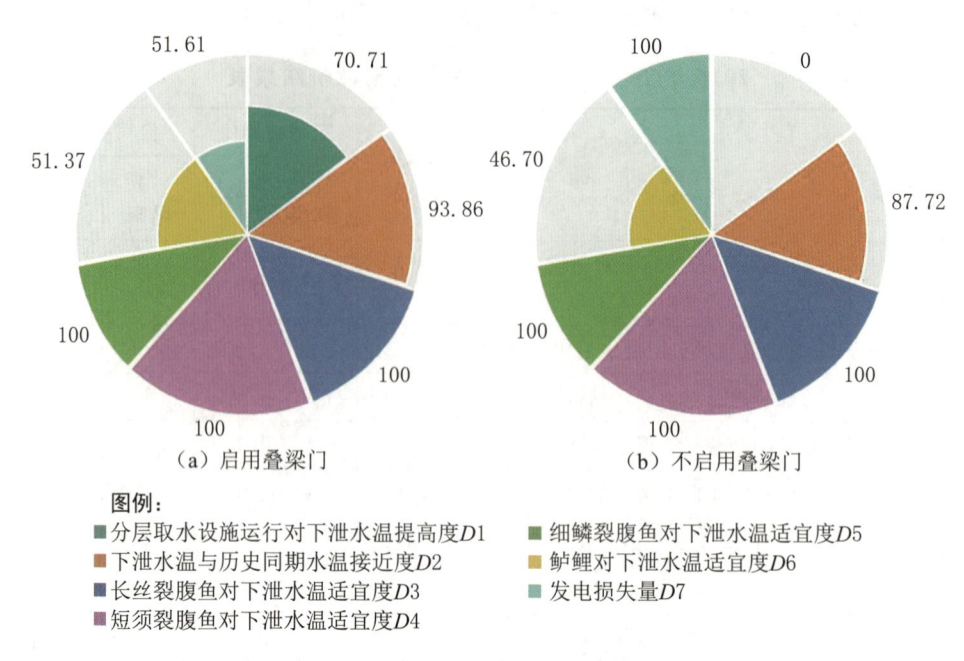

图 4.6　2016 年工况 2 分层取水试验效果评价结果图

尾水水温监测结果显示，启用 1 层叠梁门对应的 1 号尾水渠平均水温为 11.2℃，而未启用叠梁门对应的 2 号尾水渠平均水温仅为 10.6℃，启用 1 层叠梁门可以提高下泄水温 0.4～0.8℃，平均提高 0.5℃。由此可见，从水温评价指标的角度，分层取水设施对下泄水温提高度约 4.72%。历史条件下，3 月底，坝址处的天然水温约为 11.8℃，因此，3 层叠梁门运行条件下，下泄水温与历史同期水温的接近度为 94.92%；不启用叠梁门条件下，下泄水温与历史同期水温的接近度为 89.83%（表 4.14）。从水生生物指标的角度来看，3 层叠梁门运行工况下，长丝裂腹鱼、短须裂腹鱼和细鳞裂腹鱼对下泄水温的适宜度均为 1，鲈鲤对下泄水温适宜度为 0.547；不启用叠梁门工况下，长丝裂腹鱼、短须裂腹鱼和细鳞裂腹鱼对下泄水温的适宜度也均为 1，鲈鲤对下泄水温的适宜度为 0.507。

从发电损失量的角度来看，叠梁门分层取水设施的运行在一定程度上增加了水头损失，根据 4.3.2.3 节提出的发电损失量计算方法，工况 2 叠梁门分层取水设施运行导致了 0.43% 的发电损失。

4.3 锦屏一级水电站分层取水设施运行及其效果评价

表 4.14　2016 年工况 3 分层取水试验效果评价结果表

一级指标	二级指标	权重系数	启用叠梁门 计算结果	启用叠梁门 评分	不启用叠梁门 计算结果	不启用叠梁门 评分
水温 C1	分层取水设施运行对下泄水温提高度 D1	0.15	4.72%	47.17	0%	0
水温 C1	下泄水温与历史同期水温接近度 D2	0.15	94.92%	94.92	89.83%	89.83
水生生物 C2	长丝裂腹鱼对下泄水温适宜度 D3	0.1412	1	100	1	100
水生生物 C2	短须裂腹鱼对下泄水温适宜度 D4	0.1765	1	100	1	100
水生生物 C2	细鳞裂腹鱼对下泄水温适宜度 D5	0.1059	1	100	1	100
水生生物 C2	鲈鲤对下泄水温适宜度 D6	0.1765	0.547	54.70	0.507	50.70
发电 C3	发电损失量 D7	0.1	0.43%	57.44	0	100
综合效益得分				79.07		74.78

综合评价结果如表 4.14 和图 4.7 所示，启用叠梁门条件下，分层取水设施运行效果的综合得分为 79.07，评分等级为"良好"，

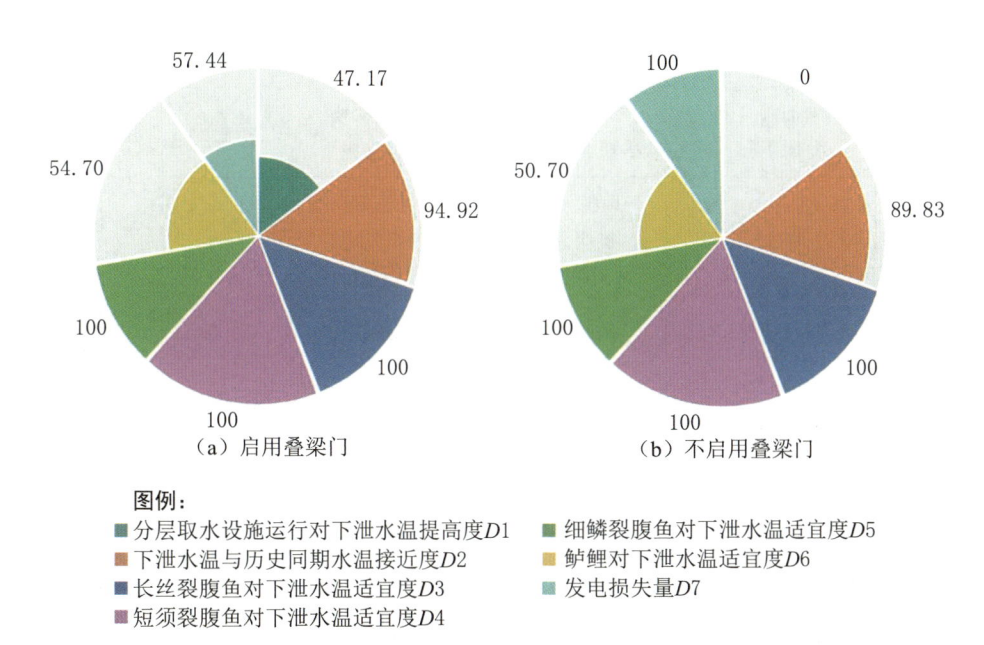

图 4.7　2019 年锦屏一级水电站分层取水试验及效果评价

（a）启用叠梁门　　（b）不启用叠梁门

图例：
- 分层取水设施运行对下泄水温提高度 D1
- 下泄水温与历史同期水温接近度 D2
- 长丝裂腹鱼对下泄水温适宜度 D3
- 短须裂腹鱼对下泄水温适宜度 D4
- 细鳞裂腹鱼对下泄水温适宜度 D5
- 鲈鲤对下泄水温适宜度 D6
- 发电损失量 D7

生态环境效益得分81.48,评分等级为"优秀";不启用叠梁门条件下,运行效果的综合得分为74.78,生态环境效益得分71.98,评分等级均为"良好"。由此说明,1层叠梁门在一定程度上改善了下游水温状态,取得了一定的生态环境效益。

在2016年分层取水试验的基础上,锦屏一级水电站改进了试验流程,于2019年成功开展了6组分层取水工况试验。

4.3.4 2019年锦屏一级水电站分层取水试验及效果评价

4.3.4.1 2019年叠梁门分层取水试验工况

2019年锦屏一级水电站分层取水效果评估试验工况设计如表4.15所示。

表4.15 2019年锦屏一级水电站分层取水效果评估试验工况

工况	试验时间	电站运行工况		叠梁门启闭	
		1号尾水渠(对应1号、2号、3号机组)	2号尾水渠(对应4号、5号、6号机组)	1号、2号、3号机组	4号、5号、6号机组
工况1	3月5日16:00—3月6日8:00	1号、2号机组发电	4号、5号、6号机组发电	3层叠梁门	3层叠梁门
工况2	3月8日16:00—3月10日8:00	1号、2号机组发电	5号、6号机组发电	2层叠梁门	3层叠梁门
工况3	3月12日16:00—3月14日8:00	1号、2号机组发电	4号、6号机组发电	1层叠梁门	3层叠梁门
工况4	3月16日16:00—3月18日8:00	1号、3号机组发电	4号、5号、6号机组发电	无	3层叠梁门
工况5	3月21日16:00—3月23日8:00	1号、3号机组发电	4号、5号、6号机组发电	无	2层叠梁门
工况6	3月25日16:00—3月27日8:00	1号、3号机组发电	4号、5号、6号机组发电	无	1层叠梁门

工况1试验从3月5日16:00—3月6日8:00,历时16h。6台机组全部放置3层叠梁门,1号、2号、4号、5号、6号机组发电。此工况用于测试3层叠梁门完全运行工况下的取水效果,同时

也可作为空白对照工况，若1号、2号尾水渠水温基本相同，说明水温监测结果可靠。

工况2试验从3月8日16：00—3月10日8：00，历时40h。6台机组中1号、2号、5号、6号机组发电，其中1号、2号机组放置2层叠梁门，5号、6号机组发电机组放置3层叠梁门，用于对比2层叠梁门和3层叠梁门的运行效果。

工况3试验从3月12日16：00—3月14日8：00，历时40h。6台机组中1号、3号、4号、6号机组发电，其中1号、3号机组放置1层叠梁门，4号、6号机组放置3层叠梁门，此工况用于对比1层叠梁门和3层叠梁门的运行效果。

工况4试验从3月16日16：00—3月18日8：00，历时40h。6台机组中1号、3号、4号、5号、6号机组发电，其中1号、3号不加装叠梁门，4号、5号、6号机组放置3层叠梁门。此工况用于对比不启用叠梁门和3层叠梁门的运行效果。

工况5试验从3月21日16：00—3月23日8：00，历时40h。6台机组中1号、3号、4号、5号、6号机组发电，其中1号、3号不启用叠梁门，4号、5号、6号机组放置2层叠梁门。此工况用于对比不启用叠梁门和2层叠梁门的运行效果。

工况6试验从3月25日16：00—3月27日8：00，历时40h。6台机组中1号、3号、4号、5号、6号机组发电，其中1号、3号不启用叠梁门，4号、5号、6号机组放置1层叠梁门。此工况用于对比不启用叠梁门和1层叠梁门的运行效果。

4.3.4.2 2019年叠梁门分层取水试验水温监测及效果评价

如图4.8～图4.10所示为2019年锦屏一级水电站分层取水试验期间水库运行过程线及水温监测结果，根据水温监测结果对不同工况条件下分层取水设施的运行效果进行了评价。

1. 工况1分层取水试验效果评价

2019年工况1试验期间，锦屏一级水库水位在1847.76～1848.74m之间波动，平均下泄流量1138m³/s，均通过发电尾水泄放（图4.8）。垂向水温观测结果显示，在高程1810.00～1830.00m

之间存在明显的温跃层，水库表层和底层温差约 3.2℃（图 4.9）。然而由于温跃层位置偏高，因此即使运行 3 层叠梁门，也未能完全阻挡温跃层的低温水下泄。

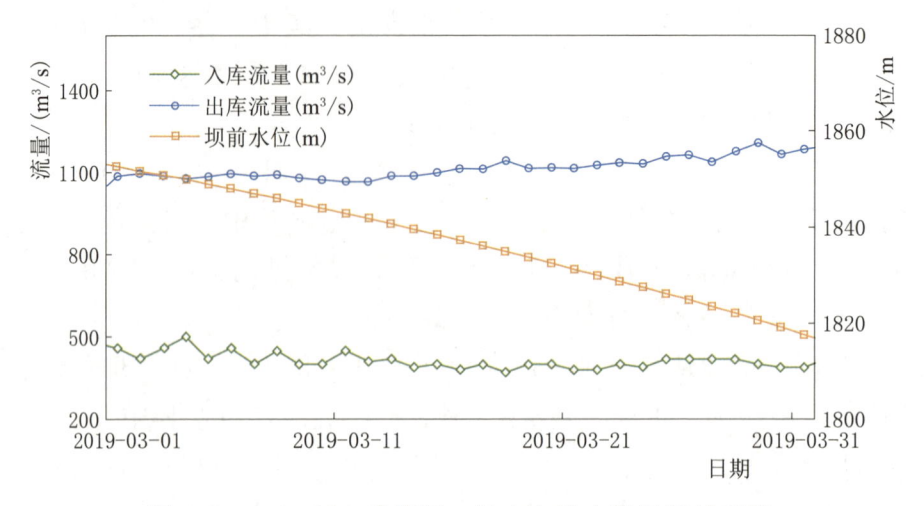

图 4.8 2019 年 3 月锦屏一级水电站水库运行过程线

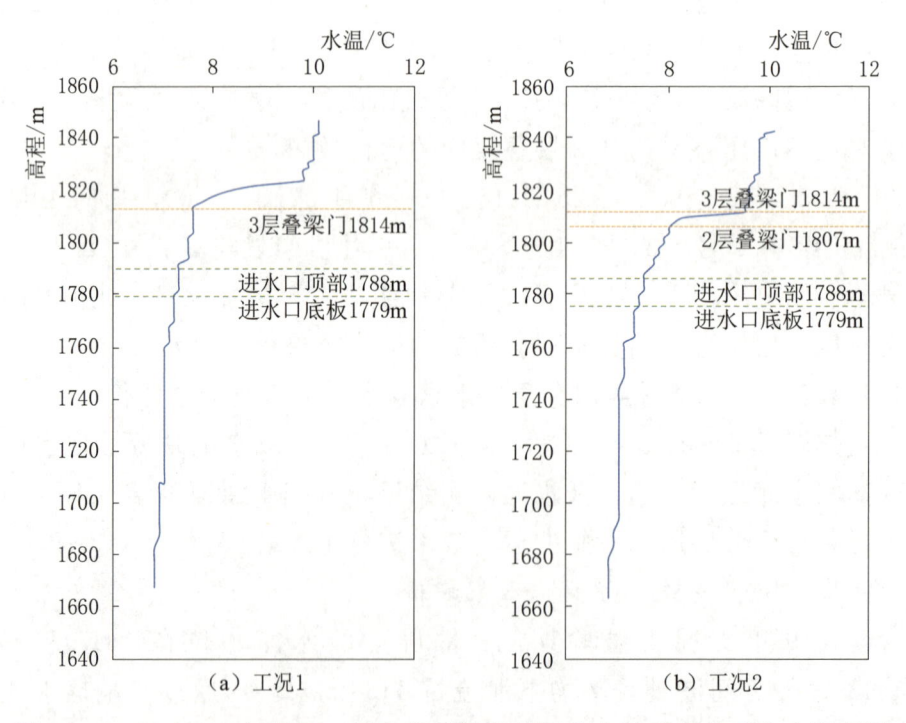

图 4.9（一） 2019 年锦屏一级水库叠梁门分层取水试验坝前垂向水温观测

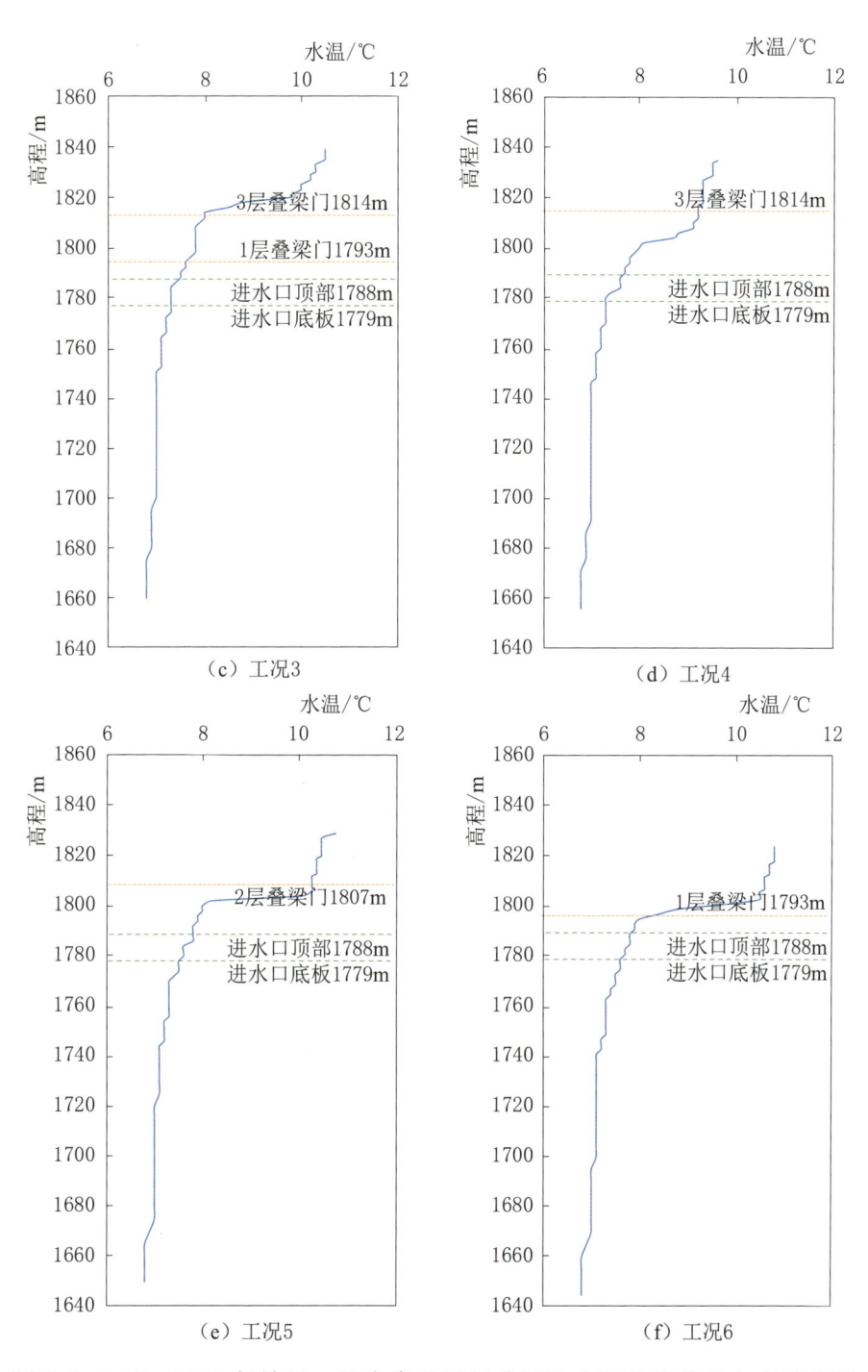

图 4.9（二） 2019年锦屏一级水库叠梁门分层取水试验坝前垂向水温观测

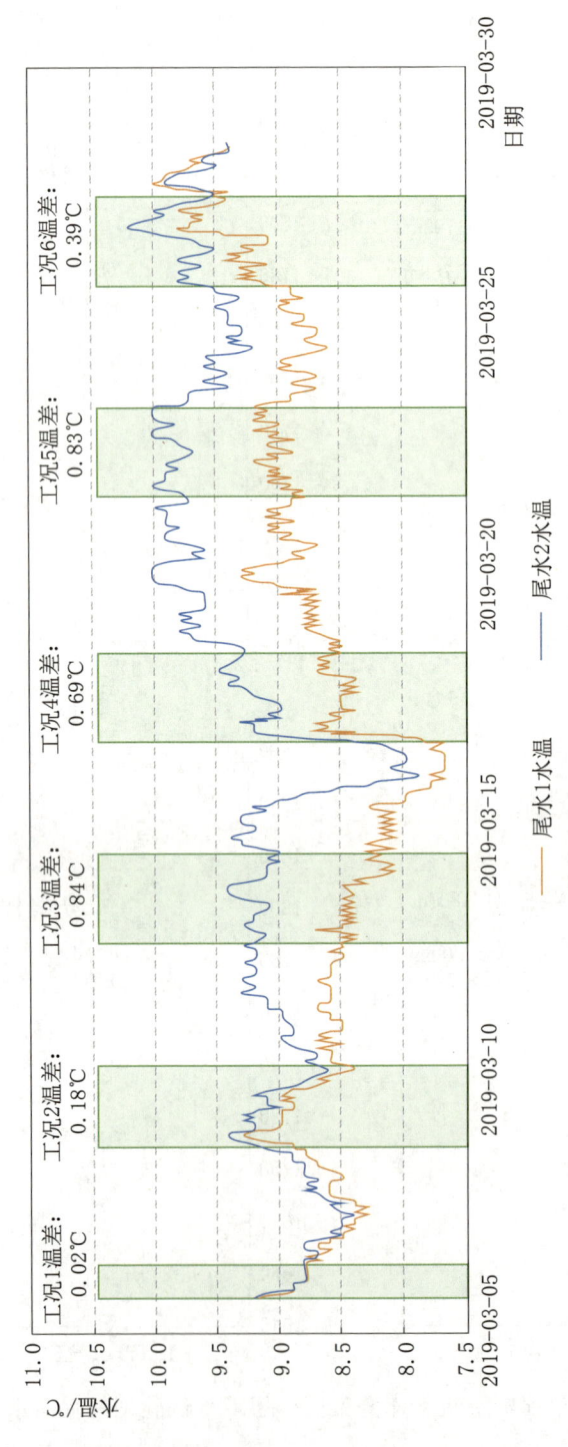

图 4.10 2019 年锦屏一级水电站分层取水试验尾水水温过程

尾水监测结果显示1号尾水平均水温为8.9℃，2号尾水为8.92℃，1号、2号尾水渠水温基本相同。从水温评价指标的角度，进水口高程处水温约为7.4℃，下泄水温约提高1.5℃，提高比例为20.55%。历史条件下，3月5日左右，坝址处的天然水温约为9.3℃。因此，3层叠梁门运行条件下，下泄水温与历史同期水温接近度为95.7%（表4.16）。从水生生物指标的角度来看，3层叠梁门运行工况下，长丝裂腹鱼、短须裂腹鱼、细鳞裂腹鱼和鲈鲤对下泄水温适宜度分别为0.8446、0.9853、0.8446和0.3943；假设未启用叠梁门，按照下泄水温等于取水口高程处水温估算，则长丝裂腹鱼、短须裂腹鱼和细鳞裂腹鱼对下泄水温适宜度分别为0.6289、0.7336、0.6289和0.2936。

表4.16　　2019年工况1分层取水试验效果评价结果表

一级指标	二级指标	权重系数	3层叠梁门 计算结果	3层叠梁门 评分	不启用叠梁门 计算结果	不启用叠梁门 评分
水温 C1	分层取水设施运行对下泄水温提高度 D1	0.15	20.55%	100	0%	0
	下泄水温与历史同期水温接近度 D2	0.15	95.70%	98.15	91.67%	91.67
水生生物 C2	长丝裂腹鱼对下泄水温适宜度 D3	0.1412	0.8446	84.46	0.6289	62.89
	短须裂腹鱼对下泄水温适宜度 D4	0.1765	0.9853	98.53	0.7336	73.36
	细鳞裂腹鱼对下泄水温适宜度 D5	0.1059	0.8446	84.47	0.6289	62.89
	鲈鲤对下泄水温适宜度 D6	0.1765	0.3943	39.43	0.2936	29.36
发电 C3	发电损失量 D7	0.1	0.52%	48.06	0	100
综合效益得分			79.75		57.42	

从发电损失量的角度来看，叠梁门分层取水设施的运行在一定程度上增加了水头损失，根据4.3.2.3节提出的发电损失量计算方法，工况1叠梁门分层取水设施运行导致了0.52%的发电损失。

综合评价结果如表4.16和图4.11所示，启用3层叠梁门条件下，分层取水设施运行效果的综合得分为79.75，评分等级均为"良好"，其中生态环境效益单项评分83.27，评分等级为"优秀"；不启

第4章 水库分层取水措施效果评价技术与应用

用叠梁门条件下，运行效果的综合得分为57.42，生态环境效益得分52.69，评分等级均为"中等"。由此可见，叠梁门分层取水设施的运行显著改善了下游水温状态，取得了很好的生态环境效益。

(a) 启用叠梁门

(b) 不启用叠梁门

图例：
- 分层取水设施运行对下泄水温提高度D1
- 下泄水温与历史同期水温接近度D2
- 长丝裂腹鱼对下泄水温适宜度D3
- 短须裂腹鱼对下泄水温适宜度D4
- 细鳞裂腹鱼对下泄水温适宜度D5
- 鲈鲤对下泄水温适宜度D6
- 发电损失量D7

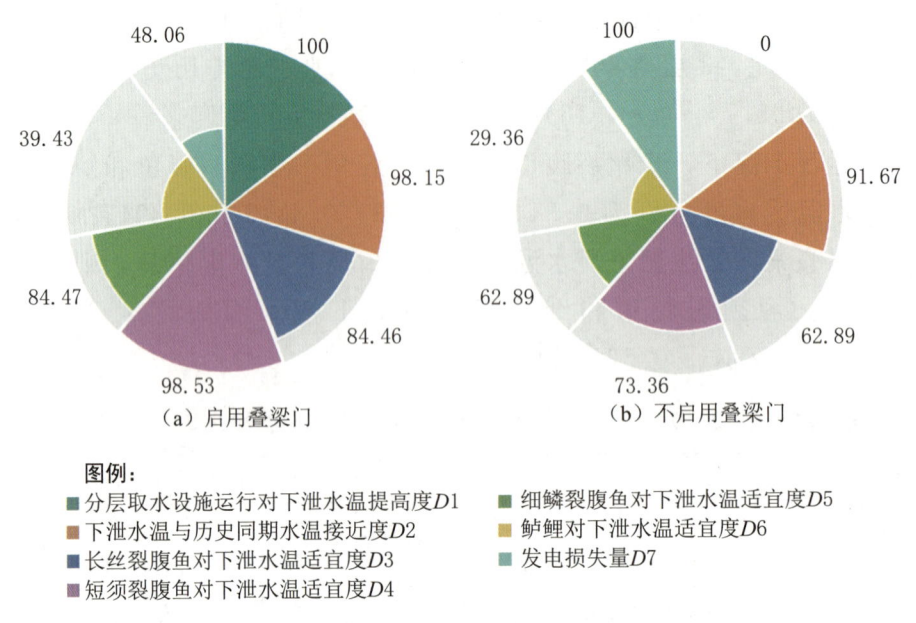

图4.11　2019年工况1分层取水试验效果评价结果图

2. 工况2分层取水试验效果评价

2019年工况2试验期间，水库水位介于1843.57~1844.60m之间，平均下泄流量1128m³/s，均通过发电尾水泄放。坝前垂向水温监测结果显示在高程1780.00~1810.00m出现显著的温跃层，表底温差达到3.3℃，3层叠梁门正好位于温跃层上部，而2层叠梁门仅将部分处于温跃层的低温水遮挡。

尾水监测结果显示，启用2层叠梁门对应的1号尾水平均水温为8.88℃，而启用3层叠梁门对应的2号尾水平均水温为9.06℃，1号尾水与2号尾水温差为0.1~0.3℃，平均温差0.18℃（图4.10）。从水温评价指标的角度，进水口高程处水温约为7.5℃，3层叠梁门条件下，下泄水温约提高1.56℃，提高比例为20.80%；2层叠梁门条件下，下泄水温约提高1.38℃，提高比例为18.4%。历史条件下，3月10日左右，坝址处的天然水温约为 9.8℃，3 层叠梁门条件下，下泄水温与历史同期水温接近度为 92.45%；2 层叠梁门条件下，下泄水温与历史同期水温接近度为 90.61%（表 4.17）。从水生生物指标的角度来看，3 层叠梁门运行工况下，长丝裂腹鱼、短须裂腹鱼、细鳞裂腹鱼和鲈鲤对下泄水温的适宜度分别为 0.8661、1、0.8661 和 0.4043；2 层叠梁门运行工况下，四种鱼类对下泄水温的适宜度分别为 0.8404、0.9803、0.8404、0.3923。

表 4.17　　2019 年工况 2 分层取水试验效果评价结果表

一级指标	二级指标	权重系数	3 层叠梁门 计算结果	评分	2 层叠梁门 计算结果	评分
水温 $C1$	分层取水设施运行对下泄水温提高度 $D1$	0.15	20.80%	100.00	18.40%	100
	下泄水温与历史同期水温接近度 $D2$	0.15	92.45%	92.45	90.61%	90.61
水生生物 $C2$	长丝裂腹鱼对下泄水温适宜度 $D3$	0.1412	0.8661	86.61	0.8404	84.04
	短须裂腹鱼对下泄水温适宜度 $D4$	0.1765	1	100	0.9803	98.03
	细鳞裂腹鱼对下泄水温适宜度 $D5$	0.1059	0.8661	86.61	0.8404	84.04
	鲈鲤对下泄水温适宜度 $D6$	0.1765	0.4043	40.43	0.3923	39.23
发电 $C3$	发电损失量 $D7$	0.1	0.53%	47.28	0.45%	54.70
	综合效益得分		79.78		79.05	

从发电损失量的角度来看，叠梁门分层取水设施的运行在一定程度上增加了水头损失，根据 4.3.2.3 节提出的发电损失量计算方法，3 层叠梁门分层取水设施运行导致了 0.53% 的发电损失，2 层叠梁门分层取水设施运行导致 0.45% 的发电损失。

综合评价结果如表 4.17 和图 4.12 所示，3 层叠梁门条件下，分层取水设施运行效果的综合得分为 79.78，评分等级也均为"良好"，生态环境效益单项评分 83.39，评分等级均为"优秀"；2 层叠梁门条件下，分层取水设施运行效果的综合得分为 79.05，评分等级为"良好"，生态环境效益单项评分 81.76，评分等级为"优秀"。由此可见，在当前水库运行边界条件下，3 层叠梁门和 2 层叠

第 4 章 水库分层取水措施效果评价技术与应用

梁门的运行效果没有明显差异。

图例：
- 分层取水设施运行对下泄水温提高度 D1
- 下泄水温与历史同期水温接近度 D2
- 长丝裂腹鱼对下泄水温适宜度 D3
- 短须裂腹鱼对下泄水温适宜度 D4
- 细鳞裂腹鱼对下泄水温适宜度 D5
- 鲈鲤对下泄水温适宜度 D6
- 发电损失量 D7

(a) 启用叠梁门：100, 92.45, 86.61, 86.61, 40.43, 47.28, 100

(b) 不启用叠梁门：100, 90.61, 84.04, 84.04, 98.03, 39.23, 54.70

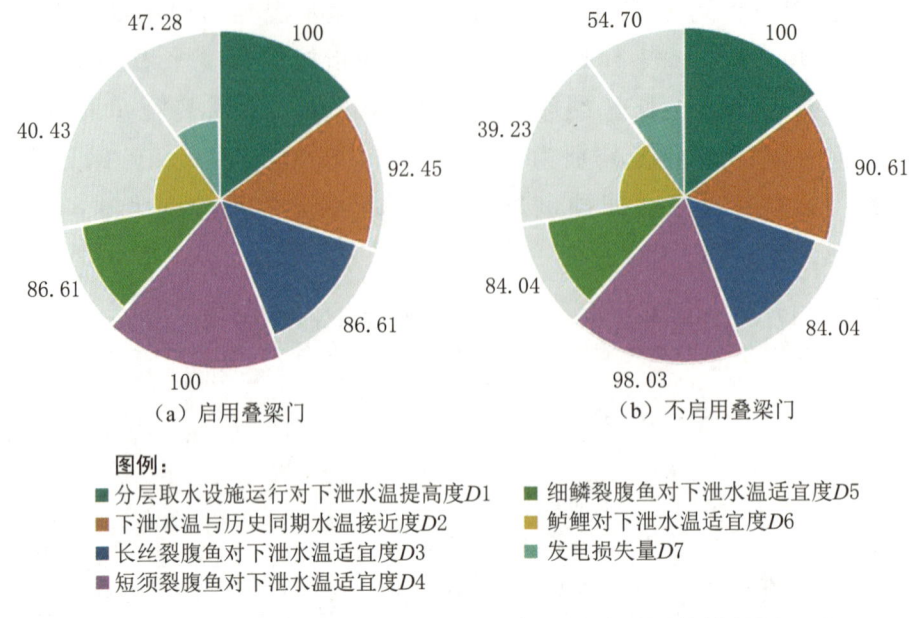

图 4.12 2019 年工况 2 分层取水试验效果评价结果图

3. 工况 3 分层取水试验效果评价

2019 年工况 3 试验期间，水库水位为 1839.22～1840.48m，平均下泄流量 1127m³/s，均通过发电尾水泄放。垂向水温监测结果显示在高程 1810.00～1830.00m 出现显著的温跃层，1760.00～1810.00m 则出现斜温层，表底温差达到 3.7℃。由于温跃层位置更靠近表层，3 层叠梁门全部启用也不能完全阻挡低温水，1 层叠梁门则低温水阻挡效果更差。

尾水监测结果显示，启用 1 层叠梁门对应的 1 号尾水平均水温为 8.37℃，而启用 3 层叠梁门对应的 2 号尾水平均水温为 9.21℃，1 号尾水与 2 号尾水温差达 0.6～1℃，平均 0.84℃。从水温评价指标的角度，进水口高程处水温约为 7.7℃，3 层叠梁门条件下，下泄水温约提高 1.51℃，提高比例为 19.61%；1 层叠梁门条件下，下泄水温约提高 0.67℃，提高比例为 8.93%。历史条件下，3 月 15 日左右，坝址处的天然水温约为 10.3℃，3 层叠梁门条件下，下泄水温与历史同期水温接近度为 89.42%，1 层叠梁门条件下，下泄水温与历史同期水温接近度为 81.26%（表 4.18）。从水生物指标的角度来看，3 层叠梁门运行工况下，长丝裂腹鱼、短须裂腹鱼、细鳞裂腹鱼和鲈鲤对下泄水温适宜度分别为 0.8875、1、0.8875 和 0.4143；1 层叠梁门运行工况下，四种鱼类对下泄水温适宜度分别为 0.7675、0.8953、0.7675、0.3583。

表 4.18　　2019 年工况 3 分层取水试验效果评价结果表

一级指标	二级指标	权重系数	3 层叠梁门 计算结果	3 层叠梁门 评分	1 层叠梁门 计算结果	1 层叠梁门 评分
水温 C_1	分层取水设施运行对下泄水温提高度 D_1	0.15	19.61%	100	8.93%	89.30
	下泄水温与历史同期水温接近度 D_2	0.15	89.42%	89.42	81.26%	81.26
水生生物 C_2	长丝裂腹鱼对下泄水温适宜度 D_3	0.1412	0.8875	88.75	0.7675	76.75
	短须裂腹鱼对下泄水温适宜度 D_4	0.1765	1	100	0.8953	89.53
	细鳞裂腹鱼对下泄水温适宜度 D_5	0.1059	0.8875	88.75	0.7675	76.75
	鲈鲤对下泄水温适宜度 D_6	0.1765	0.4143	41.43	0.3583	35.83
发电 C_3	发电损失量 D_7	0.1	0.54%	46.20	0.40%	60.27
综合效益得分				79.93		72.7

从发电损失量的角度来看，叠梁门分层取水设施的运行在一定程度上增加了水头损失，根据 4.3.2.3 节提出的发电损失量计算方法，3 层叠梁门分层取水设施运行导致了 0.54% 的发电损失，1 层叠梁门分层取水设施运行导致 0.4% 的发电损失。

综合评价结果如表 4.18 和图 4.13 所示，3 层叠梁门条件下，分层取水设施运行效果的综合得分为 79.93，评分等级为"良好"，生态环境效益单项评分 83.67，评分等级为"优秀"；不启用叠梁门条件下，分层取水设施运行效果的综合得分为 72.7，生态环境效益单项评分 74.08，评分等级均为"良好"。

4. 工况 4 分层取水试验效果评价

2019 年工况 4 试验期间，水库水位为 1834.49～1835.71m，平均下泄流量为 1275m³/s，均通过发电尾水泄放。垂向水温监测

第 4 章 水库分层取水措施效果评价技术与应用

(a) 启用叠梁门

(b) 不启用叠梁门

图例：
- 分层取水设施运行对下泄水温提高度 D1
- 下泄水温与历史同期水温接近度 D2
- 长丝裂腹鱼对下泄水温适宜度 D3
- 短须裂腹鱼对下泄水温适宜度 D4
- 细鳞裂腹鱼对下泄水温适宜度 D5
- 鲈鲤对下泄水温适宜度 D6
- 发电损失量 D7

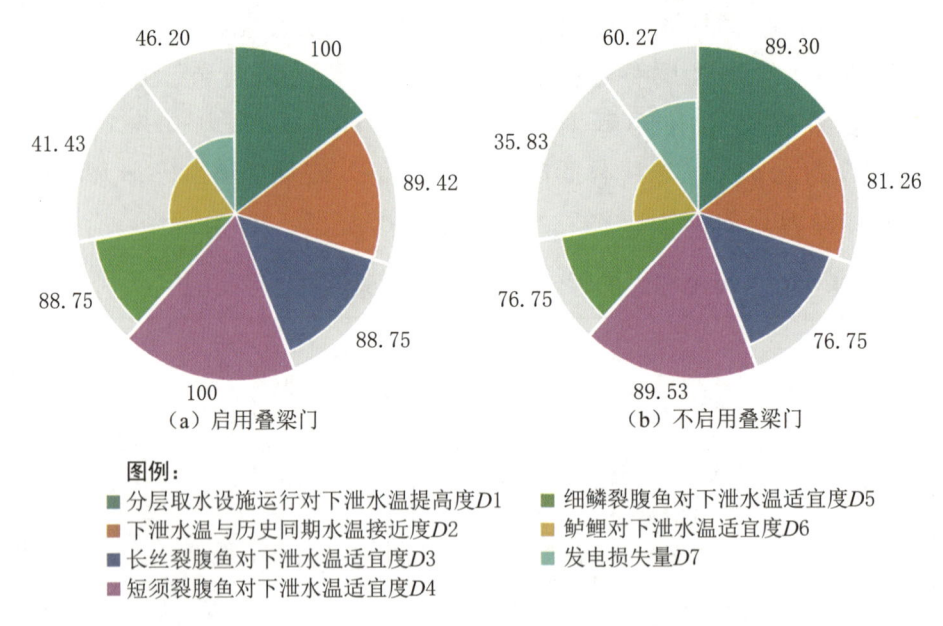

图 4.13 2019 年工况 3 分层取水试验效果评价结果图

结果显示，高程 1790.00～1810.00m 出现显著的温跃层，3 层叠梁门全部启用可阻挡大部分低温水，表底温差 2.8℃，较工况 1～3 表底温差有所减小。

尾水监测结果显示，未启用叠梁门对应的 1 号尾水平均水温为 8.49℃，启用 3 层叠梁门对应的 2 号尾水平均水温为 9.18℃，1 号尾水与 2 号尾水温差为 0.5～1℃，平均 0.69℃。从水温评价指标的角度，进水口高程处水温约为 7.7℃，3 层叠梁门条件下，下泄水温约提高 1.48℃，提高比例为 19.22%；不启用叠梁门条件下，下泄水温约提高 0.79℃，提高比例为 10.26%。历史条件下，3 月 15 日左右，坝址处的天然水温约为 10.3℃，3 层叠梁门条件下，下泄水温与历史同期水温接近度为 89.13%，1 层叠梁门条件下，下泄水温与历史同期水温接近度为 82.43%（表 4.19）。从水生生物指标的角度来看，3 层叠梁门运行工况下，长丝裂腹鱼、短须裂腹鱼、细鳞裂腹鱼和鲈鲤对下泄水温的适宜度分别为 0.8832、1、0.8832 和 0.4123；1 层叠梁门运行工况下，四种鱼类对下泄水温的适宜度分别为 0.7846、0.9153、0.7846、0.3663。

4.3 锦屏一级水电站分层取水设施运行及其效果评价

表 4.19 2019 年工况 4 分层取水试验效果评价结果表

一级指标	二级指标	权重系数	3 层叠梁门 计算结果	评分	1 层叠梁门 计算结果	评分
水温 C1	分层取水设施运行对下泄水温提高度 D1	0.15	19.22%	100	10.26%	89.30
	下泄水温与历史同期水温接近度 D2	0.15	89.13%	89.13	82.43%	82.43
水生生物 C2	长丝裂腹鱼对下泄水温适宜度 D3	0.1412	0.8832	88.32	0.7846	78.46
	短须裂腹鱼对下泄水温适宜度 D4	0.1765	1	100	0.9153	91.53
	细鳞裂腹鱼对下泄水温适宜度 D5	0.1059	0.8832	88.32	0.7846	78.46
	鲈鲤对下泄水温适宜度 D6	0.1765	0.4123	41.23	0.3663	36.63
发电 C3	发电损失量 D7	0.1	0.55%	44.78	0%	100
	综合效益得分		79.60		77.77	

从发电损失量的角度来看，叠梁门分层取水设施的运行在一定程度上增加了水头损失，根据 4.3.2.3 节提出的发电损失量计算方法，3 层叠梁门分层取水设施运行导致了 0.55% 的发电损失。

综合评价结果如表 4.19 和图 4.14 所示，3 层叠梁门条件下，分层取水设施运行效果的综合得分为 79.60，评分等级为"良好"，生态环境效益单项评分 83.47，评分等级为"优秀"；不启用叠梁门条件下，分层取水设施运行效果的综合得分为 77.77，生态环境效益单项评分 75.3，评分等级均为"良好"。由此说明，虽然从综合效益来说，两种叠梁门运行方式效果差异不大，但从生态环境效益的角度，3 层叠梁门运行方案生态效益明显高于不启用叠梁门。

5. 工况 5 分层取水试验效果评价

2019 年工况 5 试验期间，水库水位为 1828.19~1829.53m，平均下泄流量 1266m³/s，均通过发电尾水泄放。垂向水温监测结果显示，高程 1800.00m 附近出现显著的温跃层，表底温差约 4℃，此时温跃层在 2 层叠梁门上部，叠梁门不能完全阻挡低温水。

尾水监测结果显示，未启用叠梁门对应的 1 号尾水平均水温为 9.06℃，而启用 2 层叠梁门对应的 2 号尾水平均水温为 9.89℃，1

第4章 水库分层取水措施效果评价技术与应用

(a) 启用叠梁门

(b) 不启用叠梁门

图例：
- 分层取水设施运行对下泄水温提高度 $D1$
- 下泄水温与历史同期水温接近度 $D2$
- 长丝裂腹鱼对下泄水温适宜度 $D3$
- 短须裂腹鱼对下泄水温适宜度 $D4$
- 细鳞裂腹鱼对下泄水温适宜度 $D5$
- 鲈鲤对下泄水温适宜度 $D6$
- 发电损失量 $D7$

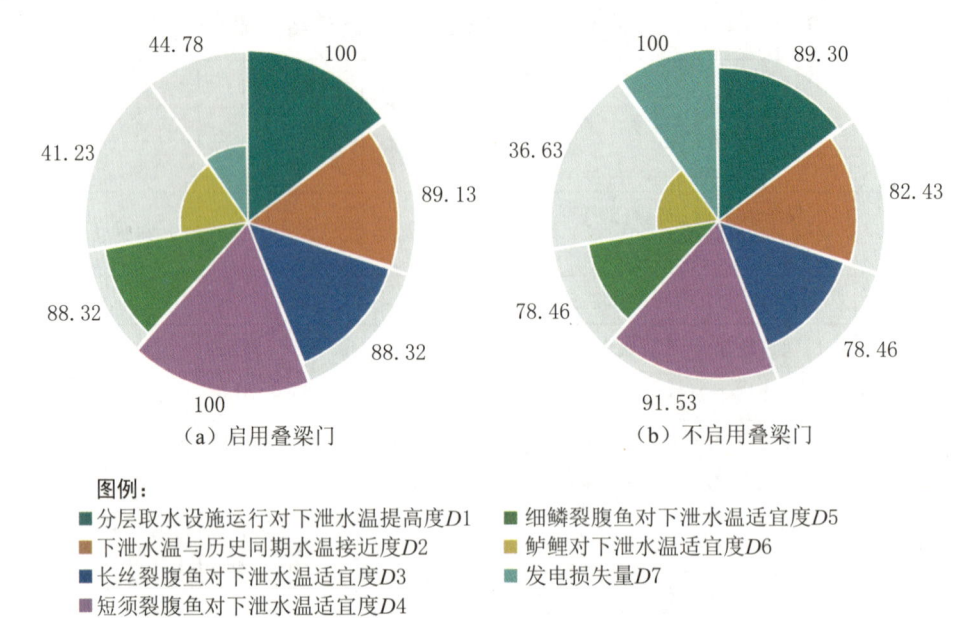

图 4.14　2019 年工况 4 分层取水试验效果评价结果图

号尾水与 2 号尾水温差为 0.6～1℃，平均 0.83℃，即采用 2 层叠梁门较不采用叠梁可以提高下泄水温 0.83℃。从水温评价指标的角度，2 层叠梁门条件下，下泄水温提高比例为 9.16%。天然情况下，3 月 20 日左右，坝址处的天然水温约为 10.8℃，2 层叠梁门条件下，下泄水温与历史同期水温接近度为 91.27%，不启用叠梁门条件下，下泄水温与历史同期水温接近度为 83.11%（表 4.20）。从水生生物指标的角度来看，2 层叠梁门运行工况下，长丝裂腹鱼、短须裂腹鱼、细鳞裂腹鱼和鲈鲤对下泄水温适宜度分别为 0.9847、1、0.9847 和 0.4597；不启用叠梁门工况下，四种鱼类对下泄水温适宜度分别为 0.8661、1、0.8661 和 0.4043。

从发电损失量的角度来看，叠梁门分层取水设施的运行在一定程度上增加了水头损失，根据 4.3.2.3 节提出的发电损失量计算方法，2 层叠梁门分层取水设施运行导致了 0.49% 的发电损失。

综合评价结果如表 4.20 和图 4.15 所示，2 层叠梁门条件下，分层取水设施运行效果的综合得分为 82.61，生态环境效益单项评分 86.12，评分等级为"优秀"；不启用叠梁门条件下，分层取水设

4.3 锦屏一级水电站分层取水设施运行及其效果评价

施运行效果的综合得分为 68.65，生态环境效益单项评分 65.17，评分等级均为"良好"。

表 4.20　2019 年工况 5 分层取水试验效果评价结果表

一级指标	二级指标	权重系数	2层叠梁门 计算结果	2层叠梁门 评分	不启用叠梁门 计算结果	不启用叠梁门 评分
水温 C1	分层取水设施运行对下泄水温提高度 D1	0.15	9.16%	91.61	0	0.00
	下泄水温与历史同期水温接近度 D2	0.15	91.17%	91.17	83.11%	83.11
水生生物 C2	长丝裂腹鱼对下泄水温适宜度 D3	0.1412	0.9847	98.47	0.8661	86.61
	短须裂腹鱼对下泄水温适宜度 D4	0.1765	1	100	1	100
	细鳞裂腹鱼对下泄水温适宜度 D5	0.1059	0.9847	98.47	0.8661	86.61
	鲈鲤对下泄水温适宜度 D6	0.1765	0.4597	45.97	0.4043	40.43
发电 C3	发电损失量 D7	0.1	0.49%	51.01	0%	100
	综合效益得分			82.61		68.65

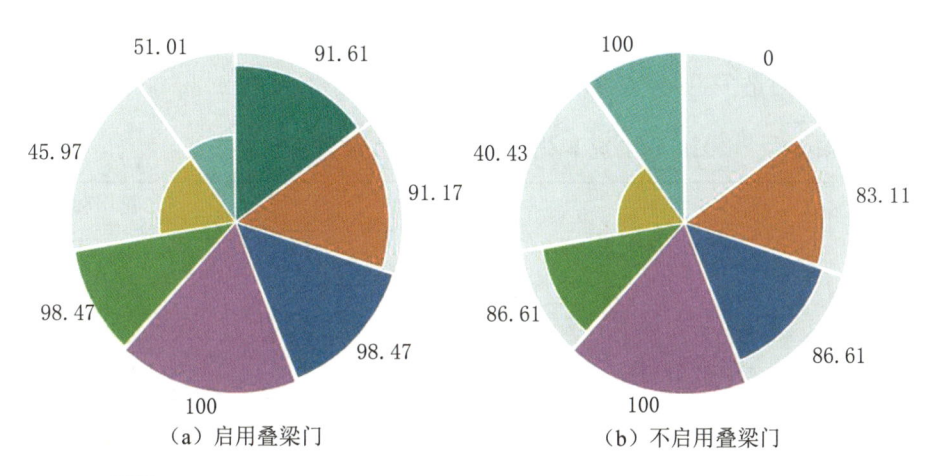

（a）启用叠梁门　　　　（b）不启用叠梁门

图例：
- 分层取水设施运行对下泄水温提高度 D1
- 下泄水温与历史同期水温接近度 D2
- 长丝裂腹鱼对下泄水温适宜度 D3
- 短须裂腹鱼对下泄水温适宜度 D4
- 细鳞裂腹鱼对下泄水温适宜度 D5
- 鲈鲤对下泄水温适宜度 D6
- 发电损失量 D7

图 4.15　2019 年工况 5 分层取水试验效果评价结果图

6. 工况 6 分层取水试验效果评价

2019 年工况 6 试验期间，水库水位为 1823.06～1824.43m，平均下泄流量 1287m³/s，均通过发电尾水泄放。垂向水温监测结果显示，高程 1800.00m 附近存在明显的温跃层，表底温差约 4℃，此时温跃层在 1 层叠梁门上部，叠梁门不能完全阻挡低温水。

尾水监测结果显示，未启用叠梁门对应的 1 号尾水平均水温为 9.39℃，而启用 1 层叠梁门对应的 2 号尾水平均水温为 9.78℃，1 号尾水与 2 号尾水温差为 0.2～0.6℃，平均为 0.39℃，即采用 1 层叠梁门较不采用叠梁可以提高下泄水温 0.39℃。从水温评价指标的角度，2 层叠梁门条件下，下泄水温提高比例为 4.15%。天然情况下，3 月 20 日左右，坝址处的天然水温约为 11.4℃，1 层叠梁门条件下，下泄水温与历史同期水温接近度为 85.79%，不启用叠梁门条件下，下泄水温与历史同期水温接近度为 82.37%（表 4.21）。从水生生物指标的角度来看，1 层叠梁门运行工况下，长丝裂腹鱼、短须裂腹鱼、细鳞裂腹鱼和鲈鲤对下泄水温的适宜度分别为 0.9690、1、0.9690 和 0.4523；不启用叠梁门工况下，四种鱼类对下泄水温的适宜度分别为 0.9132、1、0.9132 和 0.4263。

表 4.21　2019 年工况 6 分层取水试验效果评价结果表

一级指标	二级指标	权重系数	1 层叠梁门 计算结果	1 层叠梁门 评分	不启用叠梁门 计算结果	不启用叠梁门 评分
水温 $C1$	分层取水设施运行对下泄水温提高度 $D1$	0.15	4.15%	41.53	0	0
	下泄水温与历史同期水温接近度 $D2$	0.15	85.79%	85.79	82.37%	82.37
水生生物 $C2$	长丝裂腹鱼对下泄水温适宜度 $D3$	0.1412	0.9690	96.90	0.9132	91.32
	短须裂腹鱼对下泄水温适宜度 $D4$	0.1765	1	100	1	100
	细鳞裂腹鱼对下泄水温适宜度 $D5$	0.1059	0.9690	96.90	0.9132	91.32
	鲈鲤对下泄水温适宜度 $D6$	0.1765	0.4523	45.23	0.4263	42.63
发电 $C3$	发电损失量 $D7$	0.1	0.42%	57.90	0%	100
综合效益得分			74.46		71.10	

从发电损失量的角度来看，叠梁门分层取水设施的运行在一定程度上增加了水头损失，根据 4.3.2.3 节提出的发电损失量计算方法，1 层叠梁门分层取水设施运行导致了 0.42% 的发电损失。

综合评价结果如表 4.21 和图 4.16 所示，1 层叠梁门条件下，分层取水设施运行效果的综合得分为 74.46，生态环境效益单项评分 76.31，评分等级为"良好"；不启用叠梁门条件下，分层取水设施运行效果的综合得分为 71.10，生态环境效益单项评分 66.77，评分等级均为"良好"。

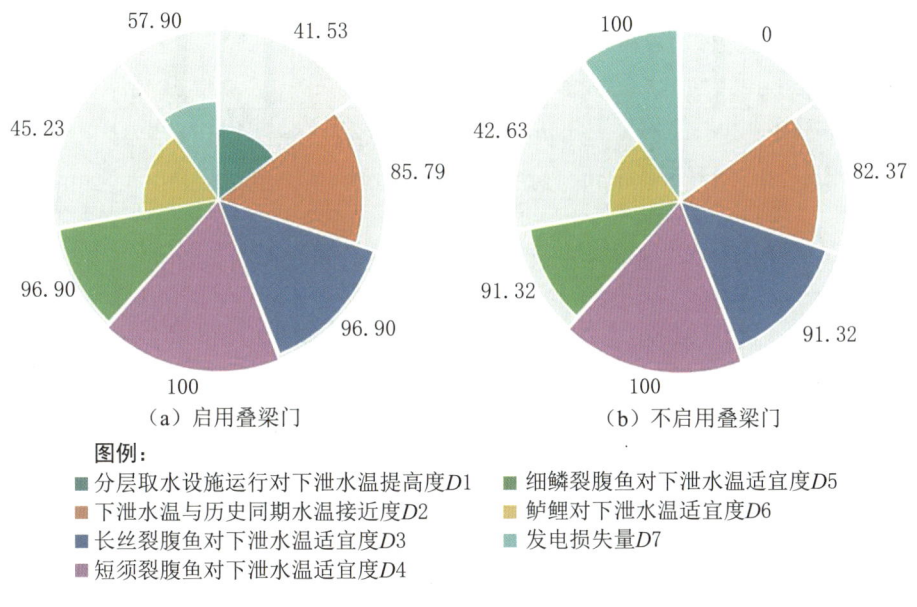

图 4.16　2019 年工况 6 分层取水试验效果评价结果图

4.3.5　历次分层取水试验效果对比

锦屏一级水电站历次分层取水试验效果对比结果显示，相同试验工况下，不同叠梁门运行层数间有时效果差异显著，有时差异微弱，例如，2016 年工况 1、2019 年工况 1，3 层叠梁门和不启用叠梁门的运行效果差异显著；2019 年工况 5，2 叠梁门和不启用叠梁门效果差异显著；而在 2016 年工况 3，启用 1 层叠梁门和不启用叠梁门差异微弱，2019 年工况 2，启用 3 层叠梁门和 2 层叠梁门差异

第4章 水库分层取水措施效果评价技术与应用

微弱，工况4启用3层叠梁门和不启用叠梁门差异微弱（图4.17）。这可能是由于叠梁门的取水效果与库区的垂向水温分布密切相关，而库区水温结构受来水条件、气象要素等水库运行边界影响，因此不同时段，叠梁门的取水效果差异显著。

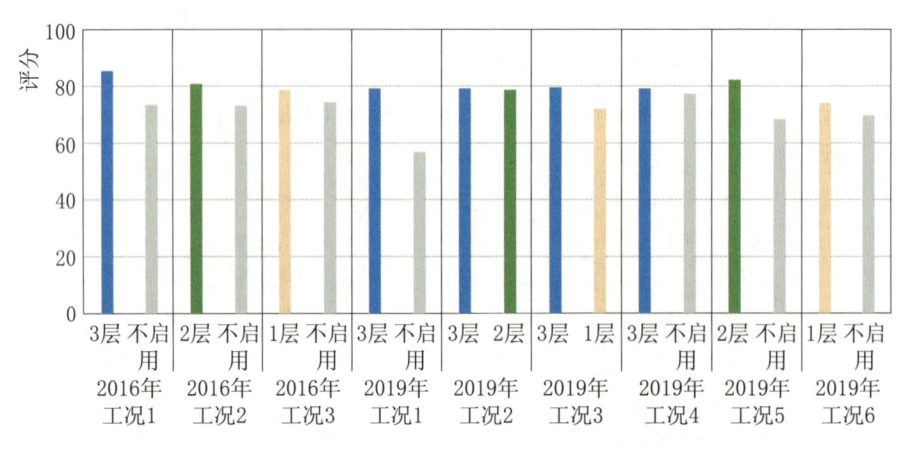

图4.17 锦屏一级水电站历次分层取水试验效果对比

另外，按照叠梁门运行层数统计历次试验的平均得分，结果显示，不同叠梁门运行层数下，3层叠梁门和2层叠梁门运行效果综合评分和生态环境效益得分均差异微弱，效果总体高于1层叠梁门和不启用叠梁门（图4.18）。

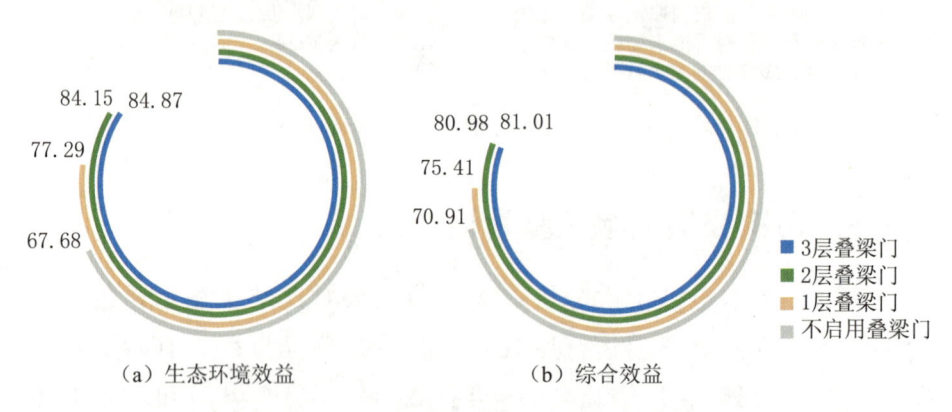

（a）生态环境效益　　（b）综合效益

图4.18 不同层数叠梁门运行效果对比

综合上述研究结果，叠梁门的运行层数并非越多越好，而是需要结合实际来水情况、气象、垂向水温分布等水库运行边界，科学调整叠梁门调度运行方案。

4.4 本 章 小 结

本章研究在对水利工程对河流水温主要影响分析的基础上，结合水库分层取水的目标，按照层次分析法，构建了水库分层取水设施运行效果评价指标体系。在此基础上，以锦屏一级水电站为例，评估了历次分层取水试验的运行效果，提出了分层取水设施运行管理建议，主要研究成果如下。

（1）从生态环境效益和社会经济效益两个维度构建了分层取水设施运行效果评估体系，其中生态环境效益主要考虑从水温改善效果和水生生物对栖息地的适宜度两个方面考虑，社会经济效益主要考虑分层取水设施运行对发电影响。

（2）以锦屏一级水电站为例，综合评价了2016年和2019年共9组分层取水试验工况的运行效果，结果显示，由于叠梁门的取水效果与库区的垂向水温分布密切相关，而库区水温结构受来水条件、气象要素等水库运行边界影响，因此历次试验中，同一试验工况下不同叠梁门运行层数间有时效果差异显著，有时效果差异微弱；综合历次试验结果，3层叠梁门和2层叠梁门运行效果总体较为接近，好于1层叠梁门和不启用叠梁门。

（3）叠梁门的运行层数并非越多越好，建议在实际运行管理中，结合实际来水情况、气象、垂向水温分布等水库运行边界，科学地调整叠梁门调度运行方案。

第5章 结论与展望

5.1 主要结论

本书针对栖息地保护、生态调度、分层取水等不同水电生态环保措施的特点，开展生态环保措施效果评估的系统研究，构建了相应效果评估技术框架。在此基础上，开展澜沧江、长江、雅砻江典型流域和水电工程生态环保措施效果评估的案例应用研究，提供了水电生态环保措施应用效果的一手反馈信息。

（1）面向栖息地保护效果评估，在系统调研分析干支流协调发展中河流栖息地保护主要影响因素的基础上，构建了河流栖息地替代保护适宜性评价指标体系，并以澜沧江支流南腊河为例，评价了河流栖息地保护的适宜性，主要研究成果如下。

1）应用层次分析法，从替代适宜性和保护适宜性两个维度构建了河流栖息地保护效果评估指标体系，其中替代适宜性重点考虑栖息地相似性、物种相似性，保护适宜性重点考虑干支流连通性和生态健康性。在此基础上，采用模糊相似理论，计算各物种和栖息地相似性指标得分。

2）以澜沧江支流南腊河为例，评估了以南腊河作为支流替代栖息地开展栖息地保护的适宜性，结果显示南腊河作为澜沧江下游河流替代栖息地的适宜性评价综合得分0.690，为"适宜"等级。评价过程中可以得出，南腊河与澜沧江下游在水文相似性整体偏低，水文指标中，日流量过程、产卵期涨水持续天数的相似性较高，产卵期涨水次数、涨水天数的相似性较低；水环境相似性和河流地形地貌相似性较高；河流连通性方面，干支流连通性较高，但是由于南腊河河口处有金凤电站的阻隔，导致支流本身连通性较差，导致整体上河流连通性得分较低；生态健康性方面，南腊河洪水灾害频率较低，河岸、河床稳定性较好，生态健康性整体良好。

3）针对南腊河栖息地替代保护，提出了如下建议：实行南腊河河道的连通性恢复工程，将使南腊河自由流淌河段增加至大沙坝水库下游；充分发挥南腊河大沙坝水库的调度作用，在漂流性卵鱼类繁殖季节，研究实施生态调度的可能性，促进南腊河鱼类自然繁殖；加强南腊河水质监控，降低沿线水质污染风险，同时完善渔业资源与生态环境监测站点和监测网络，增强预警能力；统筹考虑干流和支流的流域性系统保护，力求最大程度减缓水利水电工程对生态的不利影响；加强局部栖息地的生态修复，必要时进行人工产卵场的重构与再造，恢复和提高适宜栖息地的质量和数量。

（2）面向水库生态调度，在系统调研水库生态调度内涵和生态调度目标的基础上，构建了适用于不同调度目标的水库生态调度效果评价体系，并以三峡水库为例，评估了历年生态调度效果，提出了三峡水库生态调度的优化建议，主要研究成果如下。

1）构建了面向生态需水、改善水质（水华防控、气体过饱和、河口压咸）、调水调沙和促进鱼类（产漂流性卵鱼类、产黏沉性卵鱼类）等水生生物生存繁殖等调度目标的水库生态调度效果评价体系，提出了各指标的计算方法和赋分标准，以及各指标权重的计算方法。

2）在梳理三峡水库生态调度实践情况的基础上，以三峡水库开展的面向产漂流性卵鱼类——四大家鱼的生态调度试验为例，评估了自2011三峡水库首次实施生态调度至2022年，连续12年的生态调度效果，结果显示，三峡水库各年度生态调度效果存在明显差异，其中以2013年为界，2013年之前生态调度效果整体相对较差，2013年之后三峡生态调度效果显著提升；另外，年内开展调度次数不同，调度效果也存在显著差异，开展两次生态调度的年份，其调度效果好于仅开展一次调度的年份。

3）建议三峡水库开展生态调度时，起调水温尽可能控制在20℃以上，水库出流过程尽可能接近鱼类适宜的水文需求阈值区间，同时在水库运行条件合适的前提下，年内尽可能开展两次生态调度实践。

（3）面向水库分层取水设施运行管理，在分析水利工程对河流水温主要影响的基础上，结合水库分层取水的目标，按照层次分析法，构建了水库分层取水设施运行效果评价指标体系。在此基础上，以锦屏一级水电站为例，评估了历次分层取水试验的运行效果，提出了分层取水设施运行管理建议，主要研究成果如下。

1）从生态环境效益和社会经济效益两个维度构建了分层取水设施运行效果评估体系，其中生态环境效益主要考虑从水温改善效果和水生生物对栖息地的适宜度两个方面考虑，社会经济效益主要考虑分层取水设施运行对发电的影响。

2）以锦屏一级水电站为例，综合评价了2016年和2019年共9组分层取水试验工况的运行效果，结果显示，由于叠梁门的取水效果与库区的垂向水温分布密切相关，而库区水温结构受来水条件、气象要素等水库运行边界影响，因此历次试验中，同一试验工况下不同叠梁门运行层数间有时效果差异显著，有时效果差异微弱；综合历次试验结果，3层叠梁门和2层叠梁门运行效果总体较为接近，好于1层叠梁门和不启用叠梁门。

3）叠梁门的运行层数并非越多越好，建议在实际运行管理中，结合实际来水情况、气象、垂向水温分布等水库运行边界，科学调整叠梁门调度运行方案。

5.2 展　　望

本书探索构建了面向河流栖息地保护、生态调度和分层取水的水电生态环保措施运行效果评估体系，研究成果可为我国水电建设运行中河流栖息地保护与修复、生态调度和分层取水方案优化、可持续水电设计、绿色水电运行等提供理论基础和技术支撑，但同时，本书仍存在着一些不足之处，主要表现如下：

（1）某些指标的评价标准阈值的设定无法找到科学统一的依

据，有一定主观性。如生态调度评价中的水文指标适宜阈值的界定主要源于文献调研，但不同的文献的最适阈值区间存在较大差别。

（2）分层取水措施由于运行时间较短，大多处于试运行阶段，尚未按照设计方案开展分层取水调度，因此可收集到的数据资料有限，未来应加强分层取水运行数据收集，建立更为完善的效果评价指标体系，进一步细化分析分层取水设施运行效果，减缓水库运行对下泄水温的不利影响。

（3）本书所评价的水电生态保护措施仅涉及栖息地保护、生态调度、分层取水三种，未来有必要增加过鱼设施、鱼类人工增殖放流等重要生态保护措施运行效果的评估研究。

参 考 文 献

[1] 丁则平. 国际生态环境保护和恢复的发展动态 [J]. 海河水利, 2002 (3): 64-66.

[2] 赵学涛, 安海蓉, 王鑫. 战略环境评价方法在多瑙河流域规划中的应用 [J]. 环境与可持续发展, 2012, 37 (3): 11-18.

[3] 杨小庆. 美国拆坝情况简析 [J]. 中国水利, 2004 (13): 15-20.

[4] BERNHARDT E S, PALMER M A, Allan J D, et al. Synthesizing US river restoration efforts: Science, v. 308 [J]. Science, 2005, 5722 (308): 636-637.

[5] USFWS. Habitat as a basis for environmental assessment: ESM101 [EB/OL]. [2022-03-07]. http://www.fws.gov/policy/ESMindex.html.

[6] USFWS. Habitat evaluation procedure: ESM102 [EB/OL]. [2022年5月16日]. http://www.fws.gov/policy/ESMindex.html.

[7] USFWS. Standard for the development of habitat suitability index Models: EMS103 [EB/OL]. [2022-6-3]. http://www.fws.gov/policy/ESMindex.html.

[8] River habitat survey manual [R]. Environment Agency, 2013.

[9] PARSONS M, NORRIS R, THOMS M C. Australian river assessment system: Review of physical river assessment methods: a biological perspective [M]. Environment Australia, 2002.

[10] PARSONS M, THOMS M C, NORRIS R H. Development of a standardised approach to river habitat assessment in Australia [J]. Environmental Monitoring and Assessment, 2004, 98: 109-130.

[11] PARLIAMENT E. Directive 2000/60/EC of the European parliament and of the council [R]. Directorate-General for Environment, 2000.

[12] 杨宇, 严忠民, 乔晔. 河流鱼类栖息地水力学条件表征与评述 [J]. 河海大学学报 (自然科学版), 2007 (2): 125-130.

[13] 王晓刚, 严忠民. 河道汇流口水力特性对鱼类栖息地的影响 [J]. 天津

大学学报，2008（2）：204-208.

[14] 易雨君，张尚弘. 长江四大家鱼产卵场栖息地适宜度模拟［J］. 应用基础与工程科学学报，2011，19（S1）：123-129.

[15] 廖文根. 筑坝河流的生态效应与调度补偿［M］. 北京：中国水利水电出版社，2013.

[16] LOPES J D M, POMPEU P S, ALVES C B M, et al. The critical importance of an undammed river segment to the reproductive cycle of a migratory neotropical fish ［J］. Ecology of Freshwater Fish, 2019, 28（2）：302-316.

[17] GARCIA D A Z, MAGNONI A P V, Costa A D A, et al. Importance of the Congonhas River for the conservation of the fish fauna of the Upper Paraná Basin, Brazil ［J］. Biodiversitas Journal of Biological Diversity, 2019, 20（2）：474-481.

[18] 高婷. 水电开发中支流生境替代保护评价理论与方法研究［D］. 北京：中国水利水电科学研究院，2013.

[19] 洪迎新，刘东升，马宏海，等. 澜沧江梯级开发下鱼类支流生境替代效果［J］. 生态学报，2022，42（8）：3191-3205.

[20] 徐杨，常福宣，陈进，等. 水库生态调度研究综述［J］. 长江科学院院报，2008，25（6）：33-37.

[21] 邓铭江，黄强，畅建霞，等. 大尺度生态调度研究与实践［J］. 水利学报，2020，51（7）：757-773.

[22] 邓铭江，黄强，张岩，等. 额尔齐斯河水库群多尺度耦合的生态调度研究［J］. 水利学报，2017，48（12）：1387-1398.

[23] 任玉峰，赵良水，曹辉，等. 金沙江下游梯级水库生态调度影响研究［J］. 三峡生态环境监测，2020，5（1）：8-13.

[24] 杨正健，刘德富，纪道斌，等. 防控支流库湾水华的三峡水库潮汐式生态调度可行性研究［J］. 水电能源科学，2015，33（12）：48-50.

[25] 张洪波. 黄河干流生态水文效应与水库生态调度研究［D］. 西安：西安理工大学，2009.

[26] WANG H, LEI X, YAN D, et al. An Ecologically Oriented Operation Strategy for a Multi-Reservoir System: a Case Study of the Middle and Lower Han River Basin, China ［J］. 工程（英文），2018，4（5）：8.

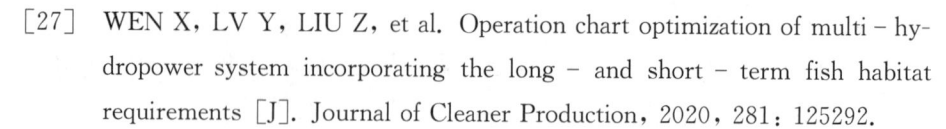

[27] WEN X, LV Y, LIU Z, et al. Operation chart optimization of multi - hydropower system incorporating the long - and short - term fish habitat requirements [J]. Journal of Cleaner Production, 2020, 281: 125292.

[28] XU Z, YIN X, SUN T, et al. Labyrinths in large reservoirs: an invisible barrier to fish migration and the solution through reservoir operation [J]. Water Resources Research, 2017, 53 (1): 817 - 831.

[29] ZHANG H, CHANG J, GAO C, et al. Cascade hydropower plants operation considering comprehensive ecological water demands [J]. Energy Conversion & Management, 2019, 180 (JAN.): 119 - 133.

[30] ELORANTA A P, FINSTAD A G, HELLAND I P, et al. Hydropower impacts on reservoir fish populations are modified by environmental variation [J]. Science of the Total Environment, 2018, 618: 313 - 322.

[31] HIRSCH P E, ELORANTA A P, AMUNDSEN P A, et al. Effects of water level regulation in alpine hydropower reservoirs: an ecosystem perspective with a special emphasis on fish [J]. Hydrobiologia, 2017, 794 (1): 287 - 301.

[32] KENNEDY, THEODORE, A., et al. Flow Management for Hydropower Extirpates Aquatic Insects, Undermining River Food Webs. [J]. Bioscience, 2016, 66 (7): 561 - 575.

[33] MA C, XU R, HE W, et al. Determining the limiting water level of early flood season by combining multiobjective optimization scheduling and copula joint distribution function: a case study of three gorges reservoir [J]. Science of the Total Environment, 2020, 737: 139789.

[34] WANG Y, LIU P, DOU M, et al. Reservoir ecological operation considering outflow variations across different time scales [J]. Ecological Indicators, 2021, 125: 107582.

[35] LIU Q, ZHANG P, LI H, et al. Assessment and conservation strategies for endemic fish with drifting eggs threatened by the cascade barrier effect: a case study in the Yalong River, China [J]. Ecological Engineering, 2021, 170 (5): 106364.

[36] LIU Q, ZHANG P, CHENG B, et al. Incorporating the life stages of fish into habitat assessment frameworks: a case study in the Baihetan

Reservoir [J]. Journal of Environmental Management, 2021, 299 (3 - 4): 113663.

[37] OLDEN J D, KONRAD C P, MELIS T S, et al. Are large – scale flow experiments informing the science and management of freshwater ecosystems? [J]. Frontiers in Ecology and the Environment, 2014, 12 (3): 176 - 185.

[38] WARNER A, BACH L, HICKEY J. Restoring environmental flows through adaptive reservoir management: planning, science, and implementation through the Sustainable Rivers Project [J]. Hydrological Sciences Journal, 2014, 59: 770 - 785.

[39] OWUSU A G, MUL M, VAN DER ZAAG P, et al. Re – operating dams for environmental flows: From recommendation to practice [J]. River Research and Applications, 2021, 37 (2): 176 - 186.

[40] MELIS T S, WALTERS C J, KORMAN J. Surprise and Opportunity for Learning in Grand Canyon: the Glen Canyon Dam Adaptive Management Program [C], 2015.

[41] 吴保生, 邓玥, 马吉明. 格伦峡大坝人造洪水试验 [J]. 人民黄河, 2004 (7): 12 - 14.

[42] KENDY E, FLESSA K W, SCHLATTER K J, et al. Leveraging environmental flows to reform water management policy: Lessons learned from the 2014 Colorado River Delta pulse flow [J]. Ecological Engineering, 2017: S092763437.

[43] PATRICK, B., SHAFROTH, et al. Ecosystem effects of environmental flows: modelling and experimental floods in a dryland river [J]. Freshwater Biology, 2010, 55 (1): 68 - 85.

[44] POOL T K, OLDEN J D. Assessing long – term fish responses and short – term solutions to flow regulation in a dryland river basin [J]. Ecology of Freshwater Fish, 2015, 24 (1): 56 - 66.

[45] KONRAD C P, WARNER A, FFLGGDMS J V. Evaluating dam re – operation for freshwater conservation in the sustainable rivers project [J]. River Research & Applications, 2012, 28 (6): 777 - 792.

[46] BÊCHE L, LOIRE R, BARILLIER A, et al. Flow restoration of the Durance River: implementation and monitoring of targeted water re-

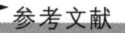

leases to reduce clogging and improve river function [C], 2015.

[47] LOIRE R, PIÉGAY H, MALAVOI J R, et al. Unclogging improvement based on interdate and interreach comparison of water release monitoring (Durance, France) [J]. River Research and Applications, 2019, 35 (8): 1107-1118.

[48] MAGDALENO F. Experimental floods: a new era for Spanish and Mediterranean rivers? [J]. Environmental Science & Policy, 2017, 75: 10-18.

[49] ROBINSON C T, UEHLINGER U. Experimental floods cause ecosystem regime shift in a regulated river [J]. Ecological Applications a Publication of the Ecological Society of America, 2008, 18.

[50] CONSOLI G, HALLER R M, DOERING M, et al. Tributary effects on the ecological responses of a regulated river to experimental floods [J]. Journal of Environmental Management, 2022, 303: 114122.

[51] ROLLS R J, GROWNS I O, KHAN T A, et al. Fish recruitment in rivers with modified discharge depends on the interacting effects of flow and thermal regimes [J]. Freshwater Biology, 2013, 58 (9): 1804-1819.

[52] BEESLEY L, KING A J, GAWNE B, et al. Optimising environmental watering of floodplain wetlands for fish [J]. Freshwater Biology, 2014, 59 (10): 2024-2037.

[53] ROLLS R J. Assessing Effects of Flow Regulation and an Experimental Flow Pulse on Population Size Structure of Riverine Fish with Contrasting Biological Characteristics [J]. Environmental Management, 2021, 67 (4): 763-778.

[54] 陈栋为, 陈国柱, 赵再兴, 等. 贵州光照水电站叠梁门分层取水效果监测 [J]. 环境影响评价, 2016, 38 (3): 45-48.

[55] 傅菁菁, 李嘉, 芮建良, 等. 叠梁门分层取水对下泄水温的改善效果 [J]. 天津大学学报 (自然科学与工程技术版), 2014, 47 (7): 589-595.

[56] 李坤, 曹晓红, 温静雅, 等. 糯扎渡水电站叠梁门试运行期实测水温与数值模拟水温对比分析 [J]. 水利水电技术, 2017, 48 (11): 156-162.

[57] 邵凌峰,张悦,申显柱,等.大中型水电站分层取水方案分析[J].小水电,2019(5):14-16.

[58] ORLOB G T, SELNA L G. Temperature variations in deep reservoirs [J]. American Society of Civil Engineers, 1970, 96: 391-410.

[59] HUBER W C, HARLEMAN D R F, RYAN P J. Temperature prediction in stratified reservoirs [J]. American Society of Civil Engineers, 1972, 98 (4): 645-666.

[60] 陈娟,蔡琼.水库垂向一维水温模型研究与应用[J].科学咨询(科技·管理),2010(12):71-72.

[61] 戚琪,彭虹,张万顺,等.丹江口水库垂向水温模型研究[J].人民长江,2007(2):51-53.

[62] GELDA R K, EFFLER S W. Simulation of Operations and Water Quality Performance of Reservoir Multilevel Intake Configurations [J]. Journal of Water Resources Planning & Management, 2007, 133 (1): 78-86.

[63] MA S, KASSINOS S C, KASSINOS D F, et al. Effects of selective water withdrawal schemes on thermal stratification in Kouris Dam in Cyprus [J]. Blackwell Publishing Asia, 2008, 13 (1): 51-61.

[64] 龙良红,徐慧,鲍正风,等.溪洛渡水库水温时空特性研究[J].水力发电学报,2018,37(4):79-89.

[65] 龙良红,徐慧,纪道斌,等.向家坝水库水温时空特征及其成因分析[J].长江流域资源与环境,2017,26(5):738-746.

[66] 任华堂,陶亚,夏建新.不同取水口高程对阿海水库水温分布的影响[J].应用基础与工程科学学报,2010,18(S1):84-91.

[67] 李璐,陈秀铜.水库分层取水方式减缓下泄低温水效果研究[J].环境科学与技术,2016,39(S2):215-218.

[68] 王海龙,陈豪,肖海斌,等.糯扎渡水电站进水口叠梁门分层取水设施运行方式研究[J].水电能源科学,2015,33(10):79-83.

[69] 郄志红,吴鑫淼,郑旌辉,等.一种基于人工神经网络的水库水温分层模式判别方法[J].农业工程学报,1999(3):204-208.

[70] 李兰,李亚农,袁旦红,等.梯级水电工程水温累积影响预测方法探讨[J].中国农村水利水电,2008(6):86-90.

[71] 代荣霞,李兰,李允鲁.水温综合模型在漫湾水库水温计算中的应用

[J]. 人民长江, 2008 (16): 25-26.

[72] SHAW A R, SAWYER H S, LEBOEUF E J, et al. Hydropower Optimization Using Artificial Neural Network Surrogate Models of a High-Fidelity Hydrodynamics and Water Quality Model [J]. Water Resources Research, 2017, 53 (11): 9444-9461.

[73] ZHANG D, WANG D, PENG Q, et al. Prediction of the outflow temperature of large-scale hydropower using theory-guided machine learning surrogate models of a high-fidelity hydrodynamics model [J]. Journal of Hydrology, 2022 (6): 606.

[74] 杨青瑞, 陈声威, 何建宽, 等. 支流生境替代保护效果评价指标体系与评价方法研究 [J]. 中国水利水电科学研究院学报, 2015, 13 (6): 408-413.

[75] 曹文宣. 如果长江能休息：长江鱼类保护纵横谈 [J]. 中国三峡, 2008 (12): 148-157.

[76] 余国安, 王兆印, 张康, 等. 人工阶梯-深潭改善下切河流水生栖息地及生态的作用 [J]. 水利学报, 2008 (2): 162-167.

[77] 贾金生, 彭静, 郭军, 等. 水利水电工程生态与环境保护的实践与展望 [J]. 中国水利, 2006 (20): 3-5.

[78] 曹文宣. 长江上游特有鱼类自然保护区的建设及相关问题的思考 [J]. 长江流域资源与环境, 2000 (2): 131-132.

[79] 李翀, 彭静, 廖文根. 长江中游四大家鱼发江生态水文因子分析及生态水文目标确定 [J]. 中国水利水电科学研究院学报, 2006 (3): 170-176.

[80] 陈永柏, 廖文根, 彭期冬, 等. 四大家鱼产卵水文水动力特性研究综述 [J]. 水生态学杂志, 2009, 30 (2): 130-133.

[81] 易伯鲁, 余志堂, 梁秩燊. 葛洲坝水利枢纽与长江四大家鱼 [J]. 鱼类学, 1988.

[82] 危起伟, 陈细华, 杨德国, 等. 葛洲坝截流24年来中华鲟产卵群体结构的变化 [J]. 中国水产科学, 2005 (4): 452-457.

[83] 殷名称. 鱼类生态学 [M]. 北京：中国农业出版社, 1995.

[84] 董哲仁. 河流形态多样性与生物群落多样性 [J]. 水利学报, 2003 (11): 1-6.

[85] 李建, 夏自强, 王远坤, 等. 长江中游四大家鱼产卵场河段形态与水流特性研究 [J]. 四川大学学报（工程科学版）, 2010, 42 (4): 63-70.

[86] KONDOLF G M. Some suggested guidelines for geomorphic aspects of anadromous salmonid habitat restoration proposals [J]. Restoration Ecology, 2000, 8 (1): 48-56.

[87] SEMPESKI P, GAUDIN P, ZZZ. Habitat selection by grayling—I. Spawning habitats [J]. Journal of Fish Biology, 1995, 47 (2): 256-265.

[88] BOULTON K M J J. Connectivity in a dryland river: short-term aquatic microinvertebrate recruitment following floodplain inundation [J]. Ecology, 2003, 84 (10): 2708-2723.

[89] VANNOTE R L, MINSHALL G W, Cummins K W, et al. The River Continuum Concept [J]. Canadian Journal of Fisheries and Aquatic Sciences, 1980, 37 (1): 130-137.

[90] 董哲仁. 美国基西米河生态恢复工程的启示 [J]. 水利水电技术, 2004 (9): 8-12.

[91] 刘强, 黄薇. 水利工程建设对洞庭湖及鄱阳湖湿地的影响 [J]. 长江科学院院报, 2007 (6): 30-33.

[92] 朱来友, 罗传彬. 江西省河湖低水位影响分析与对策 [J]. 中国防汛抗旱, 2009, 19 (3): 26-28.

[93] 韩玉玲. 河道生态建设: 河流健康诊断技术 [M]. 北京: 中国水利水电出版社, 2012.

[94] 夏继红, 严忠民. 生态河岸带综合评价理论与修复技术 [M]. 北京: 中国水利水电出版社, 2009.

[95] 陈求稳. 河流生态水力学: 坝下河道生态效应与水库生态友好调度 [M]. 北京: 科学出版社, 2010.

[96] RICHTER B D, WARNER A T, MEYER J L, et al. A collaborative and adaptive process for developing environmental flow recommendations [J]. River Research and Applications, 2006, 3 (22): 297-318.

[97] POSTEL S, RICHTER B. Rivers for Life: Managing Water for People and Nature [M]. Washington DC: Island Press, 2003.

[98] 彭期冬, 廖文根, 李翀, 等. 三峡工程蓄水以来对长江中游四大家鱼自然繁殖影响研究 [J]. 四川大学学报 (工程科学版), 2012, 44 (S2): 228-232.

[99] 易雨君. 长江水沙环境变化对鱼类的影响及栖息地数值模拟 [D]. 北京: 清华大学, 2008.

[100] HAUER C, UNFER G, SCHMUTZ S, et al. Morphodynamic effects on the habitat of juvenile cyprinids (Chondrostoma nasus) in a restored Austrian lowland river [J]. Environmental Management, 2008, 42: 279-296.

[101] 何大仁. 鱼类行为学 [M]. 厦门: 厦门大学出版社, 1998.

[102] 唐会元, 余志堂, 梁秩燊, 等. 丹江口水库漂流性鱼卵的下沉速度与损失率初探 [J]. 水利渔业, 1996 (4): 25-27.

[103] MOIR H J, SOULSBY C, YOUNGSON A. Hydraulic and sedimentary characteristics of habitat utilized by Atlantic salmon for spawning in the Girnock Burn, Scotland [J]. Fisheries Management and Ecology, 1998, 5 (3): 241-254.

[104] LAMOUROUX N, OLIVIER J M, PERSAT H, et al. Predicting community characteristics from habitat conditions: fluvial fish and hydraulics [J]. Freshwater Biology, 1999, 42 (2): 275-299.

[105] CROWDER D W, DIPLAS P. Evaluating spatially explicit metrics of stream energy gradients using hydrodynamic model simulations [J]. Canadian Journal of Fisheries and Aquatic Sciences, 2000, 57 (7): 1497-1507.

[106] 尚玉昌. 普通生态学 [M]. 2版. 北京: 北京大学出版社, 2002.

[107] 屈俭云. 南腊河流域暴雨洪水特性分析 [J]. 人民珠江, 2014, 35 (4): 20-22.

[108] RICHTER B D, MATHEWS R, HARRISON D L, et al. Ecologically sustainable water management: managing river flows for ecological integrity [J]. John Wiley & Sons, Ltd, 2003, 1 (13): 206-224.

[109] JAGER H I, SMITH B T. Sustainable reservoir operation: Can we generate hydropower and preserve ecosystem values? [J]. River Research and Applications, 2008, 24 (3): 340-352.

[110] 董哲仁, 孙东亚, 赵进勇. 水库多目标生态调度 [J]. 水利水电技术, 2007, 38 (1): 28-32.

[111] 黄艳. 面向生态环境保护的三峡水库调度实践与展望 [J]. 人民长江, 2018, 49 (13): 1-8.

[112] MIERAU D W, TRUSH W J, ROSSI G J, et al. Managing diversions in unregulated streams using a modified percent, f-flow ap-

proach [J]. Freshwater Biology, 2017, 8 (63): 752-768.

[113] 李然, 李克锋, 冯镜洁, 等. 水坝泄水气体过饱和对鱼类影响及减缓技术研究综述 [J]. 工程科学与技术, 2023, 55 (4): 91-101.

[114] 林俊强, 李游坤, 刘毅, 等. 刺激鱼类自然繁殖的生态调度和适应性管理研究进展 [J]. 水利学报, 2022, 53 (4): 483-495.

[115] 李朝达, 林俊强, 夏继红, 等. 三峡水库运行以来四大家鱼产卵的生态水文响应变化 [J]. 水利水电技术 (中英文), 2021, 52 (5): 158-166.

[116] 温成成, 黄廷林, 孔昌昊, 等. 北方富营养分层型水库藻类季节性暴发机制及其阈值分析 [J]. 环境科学, 2023, 44 (3): 1452-1464.

[117] 姚金忠, 范向军, 杨霞, 等. 三峡库区重点支流水华现状、成因及防控对策 [J]. 环境工程学报, 2022, 16 (6): 2041-2048.

[118] 李博, 郗星晨, 黄涛, 等. 三峡水库生态调度对长江中游宜昌江段四大家鱼自然繁殖影响分析 [J]. 长江流域资源与环境, 2021, 30 (12): 2873-2882.

[119] 徐薇, 杨志, 陈小娟, 等. 三峡水库生态调度试验对四大家鱼产卵的影响分析 [J]. 环境科学研究, 2020, 33 (5): 1129-1139.

[120] 王悦, 高千红. 长江水文过程与四大家鱼产卵行为关联性分析 [J]. 人民长江, 2017, 48 (6): 24-27.

[121] 王俊娜, 李翀, 段辛斌, 等. 基于遗传规划法识别影响鱼类丰度的关键环境因子 [J]. 水利学报, 2012, 43 (7): 860-868.

[122] 刘明典, 高雷, 田辉伍, 等. 长江中游宜昌江段鱼类早期资源现状 [J]. 中国水产科学, 2018, 25 (1): 147-158.

[123] LI M, DUAN, et al. Impact of the Three Gorges Dam on reproduction of four major Chinese carps species in the middle reaches of the Changjiang River [J]. Chinese Journal of Oceanology & Limnology, 2016, 34: 885-893.

[124] 段辛斌, 陈大庆, 李志华, 等. 三峡水库蓄水后长江中游产漂流性卵鱼类产卵场现状 [J]. 中国水产科学, 2008 (4): 523-532.

[125] 刘绍平, 陈大庆, 段辛斌, 等. 长江中上游四大家鱼资源监测与渔业管理 [J]. 长江流域资源与环境, 2004 (2): 183-186.

[126] 程晓东, 徐涛, 冯志州, 等. 汛期三峡-葛洲坝两坝间船舶疏散应急调度研究 [J]. 人民长江, 2022, 53 (7): 8-12.

[127] 陈进, 李清清. 三峡水库试验性运行期生态调度效果评价 [J]. 长江

科学院院报，2015，32（4）：1-6.

[128] 陈秀铜. 改进低温下泄水不利影响的水库生态调度方法及影响研究[D]. 武汉：武汉大学，2010.

[129] 龚达荣，李光华，董书春，等. 短须裂腹鱼幼鱼耗氧率和临界窒息点的测定[J]. 水产科技情报，2018，45（1）：30-33.

[130] 刘阳，朱挺兵，吴兴兵，等. 短须裂腹鱼胚胎及早期仔鱼发育观察[J]. 水产科学，2015，34（11）：683-689.

[131] 时天富，曾杰，陈向东. 锦屏一级水电站水轮机参数选择[J]. 低碳世界，2015（28）：2.

Abstract

This book focuses on the problems faced in the implementation of ecological and environmental protection measures during the operation period of hydropower projects. It introduces the basic concepts and application status of various ecological and environmental protection measures such as habitat protection, ecological operation, and stratified water intake. It also constructs corresponding effect evaluation technical systems for different environmental protection measures and selects typical river basins and hydropower projects to introduce the case applications of the effective evaluation of different ecological and environmental protection measures.

This book can be used as a reference for scientific researchers engaged in ecological and environmental protection research of hydropower projects and can also be used as a reference for teachers and students of related majors in colleges and universities.

Contents

Preface

Chapter 1 Introduction ································ 1
1.1 Background and significance ······················ 1
1.2 Practice and development of eco – environmental protection measures on domestically and abroad ············ 2
1.3 Main contents for the book ······················ 16

Chapter 2 Technology and application of fish habitat conservation effect evaluation ············ 18
2.1 River fish habitat protection measures ············ 18
2.2 Technique and method of fish habitat protection effect evaluation ············ 23
2.3 Suitability analysis of habitat conservation in Nanla River, lower reaches of Lancang River ············ 44
2.4 Chapter summary ············ 70

Chapter 3 Evaluation technology and application of reservoir ecological operation effect ············ 72
3.1 Related concepts of reservoir ecological operation ············ 72
3.2 Evaluation technique and method of reservoir ecological operation effect ············ 76
3.3 Ecological operation practice of Three Gorges Reservoir and its effect evaluation ············ 91
3.4 Chapter summary ············ 108

Chapter 4 Evaluation technology and application of measures for reservoir stratified water intake facilities ············ 110
4.1 Introduction to the measures of stratified water intake in reservoir ············ 110
4.2 Evaluation technique and method of the effect of the measures of stratified water intake in reservoir ············ 111
4.3 Operation and effect evaluation of stratified water intake

  facilities of Jinping - I Hydropower Station 114
4.4 Chapter summary 149

Chapter 5 Conclusions and Outlooks 150
5.1 Main research results 150
5.2 Outlooks 152

References 154

"水科学博士文库"编后语

　　水科学博士是活跃在我国水利水电建设事业中的一支重要力量，是从事水利水电工作的专家群体，他们代表着水利水电科学最前沿领域的学术创新"新生代"。为充分挖掘行业内的学术资源，系统归纳和总结水科学博士科研成果，服务和传播水电科技，我们发起并组织了"水科学博士文库"的选题策划和出版。

　　"水科学博士文库"以系统地总结和反映水科学最新成果，追踪水科学学科前沿为主旨，既面向各高等院校和研究院，也辐射水利水电建设一线单位，着重展示国内外水利水电建设领域高端的学术和科研成果。

　　"水科学博士文库"以水利水电建设领域的博士的专著为主。所有获得博士学位和正在攻读博士学位的在水利及相关领域从事科研、教学、规划、设计、施工和管理等工作的科技人员，其学术研究成果和实践创新成果均可纳入文库出版范畴，包括优秀博士论文和结合新近研究成果所撰写的专著以及部分反映国外最新科技成果的译著。获得省、国家优秀博士论文奖和推荐奖的博士论文优先纳入出版计划，择优申报国家出版奖项，并积极向国外输出版权。

　　我们期待从事水科学事业的博士们积极参与、踊跃投稿（邮箱：103656940@qq.com），共同将"水科学博士文库"打造成一个展示高端学术和科研成果的平台。

中国水利水电出版社
水利水电出版事业部
2025 年 5 月